BLACK SWAN 黑天鹅图书

为 人 生 提 供 领 跑 世 界 的 力 量

BLACK SWAN

YOGA FOR
PAIN RELIEF

自控力2

瑜伽实操篇

[美] 凯利 · 麦格尼格尔◎著
王岑卉◎译

文化发展出版社
Cultural Development Press

图书在版编目（CIP）数据

自控力. 2/（美）麦格尼格尔著 ; 王岑卉译. —
北京 : 文化发展出版社，2013.7
书名原文：Yoga for Pain Relief: Simple
Practices to Calm Your Mind and Heal Your Chronic Pain
ISBN 978-7-5142-0780-4

I.①自… II.①麦… ②王… III.自我控制—通
俗读物 ②瑜伽—通俗读物 IV.①B842.6-49 ②R214-49

中国版本图书馆CIP数据核字(2013)第097907号

版权登记号 01-2013-0418

自控力.2

作者：（美）麦格尼格尔
译者：王岑卉

责任编辑：王　彦
特约监制：魏　玲
特约策划：王泽阳
产品经理：王泽阳（微博@王澜樾） 罗栋青
特约编辑：尹晓梦
出版发行：文化发展出版社（北京市翠微路2号 邮编：100036）
网　　址：www.wenhuafazhan.com
经　　销：各地新华书店
印　　刷：河北鹏润印刷有限公司

开　　本：700mm×980mm 1/16
字　　数：180千字
印　　张：15
印　　次：2013年7月第1版 2017年12月第17次印刷
定　　价：39.80元
I S B N：978-7-5142-0780-4

当我承受压力、痛苦、无法自控的时候，我的解压方式是锻炼、瑜伽和冥想。

——凯利·麦格尼格尔

目录 CONTENTS

第二章

瑜伽带你找回健康

把瑜伽练习视为一份邀请人们回归本源、体验天性的邀约。无论你的生活中发生了什么事，你都可以把身心当作避风港，在此时此刻找回平和的心态。

第三章

呼吸——缓解疼痛的工具

每次呼吸都会为身体提供氧气，支持身体去做求生所需的事。无论你是怎么呼吸的，呼吸都让你和生活紧密相连。你可以把每一次呼气和吸气都视为无须处方、无须费力的疗法。

第四章

与身体为友

你的身体是否经常给你带来疼痛和痛苦，你想要“逃离这具身体”。你甚至会觉得“真实的你”已经和身体割裂开了——“真实的你”想要享受生活，身体却阻止你这么做。很多慢性疼痛患者都把自己的身体视为监狱，幻想着逃离这座监狱。如果你有这样的感觉，那么，最重要的一点就是：你需要与自己的身体做朋友，与自己的疼痛做朋友。本章中介绍的冥想和反思练习将帮助你做到这一点。

第五章

瑜伽练习——让你的身体重获自然愈合的能力

瑜伽中的运动不但可以缓解疼痛、改善身体机能，还可以让患者减少对止痛药物的依赖。瑜伽对慢性腰痛、关节炎、偏头痛和腕管综合征都有一定的疗效。

第六章

充分放松身心

“放松”听起来像是世界上最容易做到的事，但你试着放松的时候却会发现，“放松”根本就是个不可能完成的任务！原本你是想让自己轻松一下，结果却弄得自己更紧张了。当疼痛袭来的时候，躺下休息并闭上双眼一下子变成了很可怕的事，因为你会发现，自己除了觉得痛苦和想着疼痛，什么事也做不了。我想告诉你的是，充分放松身心是有可能办到的。事实上，“放松”正是消除长期压力、缓解慢性疼痛的理想做法。

第七章

冥想——与心灵交朋友

冥想是一种活动心灵的瑜伽术，会告诉你如何与自己的心灵交朋友。本章将告诉你如何用冥想来缓解疼痛、减轻压力，让心灵安静地栖息，如何引导内心摆脱紧张和痛苦，获得智慧和喜悦。

第八章

打造个性化瑜伽术

随着你探索的练习方式越来越多，你很快就会发现，并不存在所谓的“正确方式”或“神奇公式”。请相信你的身体和你的内在智慧吧，勇敢地去创造前所未有的、只属于你的瑜伽练习术。

前言

瑜伽，可能是人类迄今为止发现的最伟大的镇痛法宝。

因为，瑜伽能让你学会应对压力。持久的疼痛会让你体内的应激开关一直处在"开启"的状态。当你感觉到压力的时候，你的呼吸会变得急促紊乱，你的肌肉会保持紧绷，你的心情就会一落千丈。所有这一切都会让你觉得疼痛难忍。

医生通常会低估压力对病人的影响，往往不知道该给重压之下的病人提什么建议。这可能导致慢性疼痛进一步恶化。瑜伽能帮你应对压力，成为你克服压力的必备工具。许多瑜伽练习，比如简单的呼吸练习，是每个人都能做到的。这些练习可以让你的身体不再紧张。只要有效运用“瑜伽”这个工具，哪怕在饱受疼痛折磨的时候，你都可以让身心放松下来。

要通过瑜伽缓解疼痛，最重要的一点就是理解“疼痛”（pain）和“痛苦”（suffering）的区别。“疼痛”指的是身体或情绪上的伤痛，“痛苦”指的则是我们面对疼痛时的反应。我们总是做最坏的打算，总是担心事情永远不会变好，总是认为自己的生活已经没指望了。这种反应就是所谓的“痛苦”。痛苦往往会加剧慢性疼痛。

就像疼痛一样，痛苦也会让身体受压力的影响，会让你更加嗜睡、体重增加、易患炎症，还会导致潜在的病情恶化。大多数医生都没在医学院里学过“如何应对痛苦”。不过，千百年来，瑜伽一直将“缓解痛苦”视为核心任务。

请记住，尽管瑜伽功效显著，但它绝不是缓解痛苦的快速通道。止痛药往往会随着时间的推移变得不再有效，瑜伽则会随着持续的练习变得越来越有效。你坚持练习瑜伽的时间越长，你的身体和神经系统的变化就越明显。

和许多治疗方法（如维生素、中草药或其他替代疗法）不一样，只要你精心选择练习方法，瑜伽就不会和其他缓痛疗法发生冲突。

事实上，有证据表明，瑜伽会让其他的缓痛治疗变得更有效。瑜伽修行者常常会发现，自己需要服用的药物剂量变少了。更重要的是，瑜伽可以消除药物治疗带来的副作用，还能减少副作用对你造成的影响。

更妙的是，精心选择的瑜伽练习不但没有副作用，还能对你产生积极的影响。瑜伽除了可以消除疼痛，还可以让你变得更快乐、更健康、更强壮、更灵活、更轻松、更高效。

如果你想通过练习瑜伽消除慢性疼痛，或者你是瑜伽教练或医疗保健专业人士，或者你的朋友或家人正在忍受痛苦的折磨，那么，凯利·麦格尼格尔博士将让你轻轻松松地获得想要的东西。凯利拥有多年的教学和修行经验，对瑜伽有着深刻的认识。同时，作为一位心理学家，她也非常熟悉瑜伽背后的科学。她很清楚，不同瑜伽练习方法的组合比单独的瑜伽练习更有效果。她也很清楚，不同的瑜伽练习方法对每个人有不同的效果。因此，她在书里为读者提供了很多选择。

本书是一部文笔优美、内容明确的指南，它将为你带去希望，帮助你踏上一条通向快乐生活的阳光大道。希望本书能帮助你实现佛教所推崇的“摆脱痛苦”。

蒂莫西·麦考尔（Timothy McCall）医生，《瑜伽杂志》（*Yoga Journal*）医学编辑，《医学瑜伽：健康与疗伤的瑜伽处方》（*Yoga as Medicine: The Yogic Prescription for Health and Healing*）一书的作者

引言

这本书是一部终结疼痛的指南，将帮你消除慢性疼痛引起的身、心、灵的痛苦。本书以身心研究的最新成果和传统瑜伽的智慧为基础，提出了一套终结疼痛的实用策略，也将让你从全新的角度思考疼痛的成因。你将从这本书里了解到，过去的伤痛、病痛和生活经历是如何改变你身心的协调性的。你还将了解到，这些改变是如何给你带来慢性的身心疼痛的。

使用瑜伽的“身心疗法”，包括一系列呼吸、放松、动作和冥想练习，将改变你对痛苦的认识。把瑜伽融入日常生活后，你的身心将更加和谐统一。

本书适合每个饱受慢性疼痛或复发性

疼痛折磨的人。事实证明，瑜伽有利于治疗各种疼痛，包括背痛、头痛、肌肉酸痛、类风湿关节炎、慢性疲劳综合征、腕管综合征、肠易激综合征和经前症状。

或许，你认为自己忍受的疼痛没什么大不了；或许，你已经学会了与慢性疼痛和平相处。但如果你的身体经常出现疼痛的症状，这本书就一定适合你。它将帮助你缓解痛苦、恢复精力，重新点燃你对生活的热情。

或许你会想：我身体的疼痛糟糕透了，瑜伽没法对付这样的痛苦。但请记住，瑜伽很可能是对付这种疼痛的唯一途径。如果你正饱受药物无法治愈的剧烈慢性疼痛的折磨，那么，这本书将帮你学会轻松应对。瑜伽可能无法彻底消除你的痛苦，但它能给你很大帮助。比如，无论能否让疼痛完全消失，瑜伽都会带给你舒适感，让你做自己身心的真正主人，进而帮你找回自己的生活。

如果你想了解慢性疼痛，或帮助别人缓解慢性疼痛，那么，这本书也很适合你。如果你的亲人正在忍受慢性疼痛的折磨，那么，你可以利用这本书里的观点和练习来帮助他/她。瑜伽教练、理疗师、心理学家和其他保健专家，都可以把本书提供的方法纳入自己的治疗体系。书中每一章不仅提供了解决方案和实用的策略，还和读者分享了我对慢性疼痛本质的体悟。书中一个个真实的故事将让你了解到，我们所忍受的慢性疼痛究竟是怎么一回事，瑜伽为何能适应每个人的特殊需要。

尽管这本书主要针对的是慢性生理疼痛，但请记住，疼痛不仅包括身体上的疼痛，还包括心理上的痛苦。你会发现，这两种形式的疼痛有着千丝万缕的联系。

现代科学和传统瑜伽哲学都告诉我们，身体上的疼痛（如慢性腰痛）和心理上的痛苦（如抑郁症）之间没有明显的分界线。这两种疼痛都会影响身心，缓解这两种疼痛都需要用像瑜伽这样的身心疗法。你会发现，这本书提到的观点和练习还能帮助你应对愤怒、焦虑、孤独和抑郁。

如何应对身心疼痛

还有什么事能比听到别人说“你的痛苦完全是你心里想出来的”更令人沮丧？听到别人这么说的时候，你是不是希望说这话的人可以和你交换一下身体，哪怕只有一天也好，让他来体验一下你的痛苦，看看那到底有多难受。

你相不相信，这句话实际上正是缓解痛苦的关键？

慢性疼痛正是你“心里想出来”的，也就是说，它来自你的内心深处。你感受到的是实实在在的肉体痛苦。但是，这种痛苦并不局限于你的感官。它不仅仅来自你的肩膀、背部或臀部，也不仅仅是你关节或肌肉出的问题。

过去几十年里，科学家和医生们一直认为，疼痛只可能来自肉体受到的伤害。他们一直认为腰椎间盘突出、肌肉受损和感染才是慢性疼痛的根源。然而，最新研究显示，慢性疼痛还有另外一个根源，那就是人的想法、情绪、期待和记忆。大多数慢性疼痛最初都来自肉体伤害或疾病，但身心联系才是使疼痛持续不断的主要原因。

你不妨看看最新的研究结果，了解一下身心联系是如何导致慢性疼痛的，身心干预又如何能有效缓解这种状况。

· 对慢性腰痛患者来说，愤怒可以引起背部肌肉紧绷。这就意味着，当你抬起重物或在健身房里锻炼过度时，情绪反应就可能使旧伤复发。研究还显示，宽恕自己的冥想可以缓解慢性背痛，改善身体机能。

· 生理疼痛与社会性疼痛（social pain）（如孤独或拒绝接受事实）是由大脑里的同一套疼痛系统控制的。如果你感受到了其中一种疼痛，就会对另一种疼痛更敏感。这或许可以解释，为什么疼痛发作时人们会觉得愈发孤独，为什么受痛苦折磨的人会更加渴望得到他人的支持。这也可以用来解释，为什么孤独会使生理疼痛变得更加难熬，而亲人的陪伴却可以减轻这种疼痛。

· 人类生来就有抑制疼痛的能力，能把疼痛控制在一定程度内。但面对慢性疼痛时，这种调节能力通常起不了作用。压力、抑郁和焦虑都会干扰这套调节系统。某些“身心疗法”则能迅速开启这套系统。例如，体育锻炼可以刺激大脑释放抑制疼痛的化学物质，冥想则可以降低大脑处理疼痛信号的灵敏度。

这些研究结果促使我们重新思考：究竟是什么原因导致了生理疼痛？我们该如何应付这些疼痛？这些问题的答案会拓展我们对身心联系的理解。

身心联系

人们通常认为，“身”和“心”是相互独立的。“心”是个神秘的概念，包括人们的想法、感觉和情绪。但请注意，“心”是在身体里的。感觉、情绪和想法都是以身体为基础的。你的每个感觉、每个想法、每个决定都是发生在身体里面的。

感觉、想法和情绪都在人体内众多系统中诞生和传递。这些系统包括神经系统、内分泌系统和免疫系统，它们彼此紧密相连，共同构成了生物学意义上的“心”。这些系统之间相互作用，产生了你的感觉、想法和情绪，还有你的生理疼痛。理解这些系统是如何协调工作的，正是消除一切痛苦的关键。

“身心疗法”/自我疗法

如果你发现了一个比自己想象的还复杂得多的问题，这通常不是个好消息。然而，“慢性疼痛的产生原因复杂无比”却是个好消息。

因为这就意味着，通过手术、理疗和止痛药来修复身体并不是全部的希望。如果你和大多数饱受慢性疼痛折磨的人情况差不多，那么，上述只关注“身”而无视“心”的治疗方式就不会有什么效果。身体疼痛和心理活动有着千丝万缕的联系，如果你只解决“身”的问题而不关注“心”的问题，你就永远也不可能有效治疗慢性疼痛。

在很多人看来，“身心疗法”最让人惊喜的一点是，你甚至不需要知道自己身体的哪部分出了问题，就能有效缓解疼痛。如果医生无法告诉你是什么原因导致了疼痛，你也无须等待诊断结果，就可以马上开始自我治疗。只要你能感知自己的身心是如何协调工作的，你就能深入理解自己的疼痛，这比任何诊断结果都有效。一旦你意识到了这一点，你就可以通过做一些简单的练习，比如呼吸或冥想练习，开始一段自我治疗之旅。（如果你想立刻踏上这段旅程，请翻到本书的第三章。）

为什么选择练瑜伽？

瑜伽之所以有治愈效果，是因为传统瑜伽文化对身心联系有深刻的理解。现代文化或许会把瑜伽描述成一种塑身方式，但传统瑜伽的终极目标一直是重塑身心，让人们获得健康的身体与平和的心态。

许多人一想到瑜伽，脑海里首先浮现的是极具挑战性的姿势（如倒立式或莲花式）。不过，在这本书里，你不会看到任何高难度的姿势，因为它们和缓解慢性疼痛没什么关系。

相反，在这本书里你会学到许多瑜伽练习方法，它们将帮助你修复身体的各个部位。你很快就会发现，只要你会控制呼吸，你就可以练瑜伽。只要你会关注自己的想法和感受，你就可以练瑜伽。只要你愿意探索自己身体的知觉，你就可以练瑜伽。瑜伽绝不仅仅是把身体扭曲成不舒服的姿势。即使你连床都下不了，你也可以练瑜伽。

这些简单的瑜伽练习会引导你走上一条终结痛苦的阳光大道。瑜伽会教你如何静下心来，用自己内心的力量改变身体上的痛苦。它会教你如何把悲伤、沮丧、恐惧、愤怒转化成积极的情绪。它会教你如何倾听自己的身体，满足自身的需求，好去参加对你来说极为重要的活动。它会为你提供安全感、控制感和勇气，帮你走出昔日慢性疼痛的阴霾。

本书能带给你什么？

我们将通过瑜伽练习，配合神经科学、心理学、医学等领域的研究成果，从身心联系的角度探索慢性疼痛的根源。

这本书的大前提是，慢性疼痛是一种我们在日常生活中学到的身心反应。疼痛最初是某个单一事件导致的，但这种疼痛会持续下去。这完全取决于伤痛、疾病和创伤如何改变了我们的身心。我们的身心既会从这些事件中逐渐恢复过来，也会在此过程中学习，从中汲取经验和教训。随着受到的威胁越来越多，我们的身心会变得越来越适应环境。背部受伤可能导致脊髓神经过度敏感，悲惨的生活经历可能改变大脑应对压力和恐惧的方式。久而久之，就连根本不存在的威胁也会让身心向你发出“警告”，使你在面对新情况时反应过激。这会让你一直忍受慢性疼痛的折磨，导致持续焦虑或逃避现实。

早在现代科学研究人类的神经系统之前，传统瑜伽文化就认识到了这个过程。在瑜伽文化中，从过去的经历中学到的习惯被称为“业障”（samskaras）。瑜伽哲学说的是，“业障”是一切无妄之苦的根源，练习瑜伽则是消除“业障”的最佳方式。

本书的目的是教会你练习瑜伽，帮助你消除导致疼痛的习惯，培养有显著疗效的新习惯。瑜伽强调每个人都拥有与生俱来的能力，能够感受到健康和喜悦。瑜伽练习就是帮助你唤醒这种能力，学会消除身心疼痛的实用方法。

我会从呼吸说起。呼吸是瑜伽最核心的治疗工具。你将学习如何随时通过简单的呼吸感知并获得控制感和安全感。即使急性疼痛袭来，你还能做到这一点。你还将学习能让自己感觉良好的伸展动作。这些动作有助于提升你日常呼吸的质量。你还将学习一些应对疼痛的特定呼吸技巧。

下一步，就是和自己的身体交朋友。你将学习如何倾听自己的身体，感知自己的身体需要什么。瑜伽练习将教会你和自己的身体和谐共处，也将帮助你克服愤怒、悲伤、沮丧的情绪。这三种情绪往往是慢性疼痛导致的。

无论你要做的是用呼吸把动作练起来（vinyasa）还是保持某个姿势（asana），“与身体为友”和“探索呼吸”都将为你进一步学习瑜伽做好准备。在这本书里，你将学习一系列被证明有助于缓解疼痛和恢复健康的基本动作。你还将学习如何设计一套个性化的瑜伽练习，在满足自身需求的同时保证自己的安全。

接下来，你将学习如何进行深度放松。这是消除慢性肌肉紧张、降低疼痛敏感度、减缓压力和焦虑的关键。最后，你将学习一些冥想技巧，每种技巧都是针对一种特定的慢性疼痛的。例如，你将学习如何应对突如其来的疼痛发作，也将学习如何把消极情绪转化为积极情绪。“放松”和“冥想”都有助于身体实现自然愈合，也有助于你重新找到内心的喜悦。

介绍完各种瑜伽练习方法后，我们将探讨如何让瑜伽成为你生活的一部分。在本书的最后一章里，你将学习如何为自己设计一套个性化的瑜伽练习，来提升自己的舒适感、体力、勇气和活力。你还将学习一套“立竿见影”的瑜伽术，当身心痛苦突然袭来时不妨一试。此外，你还将学习如何将自己最喜爱的瑜伽练习融入日常生活。

在本书的每一章里，你都会看到一些故事，故事主人公都通过练习瑜伽缓解了慢性疼痛和身心痛苦。本书还包括很多套瑜伽练习的示范模板，鼓励你创造属于自己的瑜伽套路。

这本书不是什么？

现在，你知道这本书是什么了，接下来我会告诉你它不是什么！

它不是根除病痛的锻炼。这本书介绍的瑜伽练习，旨在帮助你熟悉自己的身体。你只有感到了舒适，获得了勇气，找回了喜悦，才有可能根除病痛。

它不会让你试过之后大失所望。这本书提到的瑜伽练习有科学研究和传统智慧作为基础。如果你全身心投入，认真探索瑜伽能为你带来什么，你就会对身心痛苦有新的认识。

它不是医疗建议或替代药物。这本书介绍的瑜伽练习是其他治疗方案的有益补充，不需要你停服西药或其他对你有用的药物。任何有利于你康复和痊愈的东西，你都可以继续尝试，无论它是来自这本书还是来自医生的处方笺。这本书提出了不少建议，但它们并不能取代你从医护人员那里得到的指导。

迈出第一步

现在，你可以踏上自我治疗之旅了。在本书的第一章里，你将了解慢性疼痛的成因。你会发现，这一章里介绍的研究成果可以用来解释是什么导致了你的慢性疼痛。这些研究也为你消除痛苦提供了新的希望。看完这一章后，你可能会长出一口气："现在，我了解慢性疼痛了，我有力量去改变它了。"

如果你厌倦了思考疼痛的成因，希望马上了解瑜伽的功效，不妨跳到第二章。如果你想直接感受"身心联系"，那请继续往后翻，跳到瑜伽练习部分。我建议你从第三章的呼吸练习开始看。呼吸是让你找回安全感、控制感和舒适感的起点，也是所有肢体练习和冥想的基础。

我心中充满了感激之情。我不但感激瑜伽，也感激那些用智慧和激情改变了我一生的瑜伽导师。瑜伽赐予了我力量，也赐予了我全身心的喜悦。我自己也曾饱受慢性疼痛的折磨，但那已经成为了过去。我希望你也能像我一样幸运。

第一章

理解疼痛，消灭它

瑜伽不仅能帮你缓解慢性疼痛，减轻痛苦，还能帮你把“慢性疼痛反应”变成“慢性愈合反应”，为你带来巨大的能量、勇气和喜悦。

本章以最前沿的神经科学、心理学和医学研究为基础，从身心联系的角度介绍了疼痛的根源。它可能会改变你对疼痛的看法，也能帮助你理解慢性疼痛背后的秘密。

你了解疼痛吗?

在过去几十年里，科学家对疼痛的研究大有进展。其中，有三个观点极大地促进了人们对慢性疼痛的理解。首先，人们认识到，疼痛是一个身心联结的过程。疼痛不仅受到身体损伤和疾病的影响，也受到想法、情绪、压力的影响。其次，人们意识到，当疼痛逐渐变成慢性疼痛的时候，患者的反应就不再是健康时的反应。最后，人们越来越懂得如何通过呼吸、放松、冥想和动作来调节自己的疼痛抑制系统。

如今，医学界已普遍接受了这三个观点。它们有助于解释为什么疼痛会变成慢性的，也有助于人们理解自己能对此做些什么。从身心相连的角度来看，慢性疼痛的成因是非常复杂的。但情况越是复杂，就说明治愈慢性疼痛的机会越多。当你发现某种疼痛有许多成因时，你就可以把每个成因都看作是一条摆脱痛苦的潜在途径。

疼痛是一种自我保护的反应

讨论抑制疼痛的系统面对慢性疼痛为何会失效之前，让我们先来看一看抑制疼痛系统在正常工作的时候到底起什么作用。

尽管“疼痛”听起来不像是个好词，但它却是身心相连的绝佳案例。没有疼痛的世界将是个危险从生的世界，因为疼痛会让你知道，你的身体现在处在不安全的情况下。当你受到伤害的时候，疼痛会促使你自我保护，避开可能伤到自己的东西。

疼痛是如何做到这些事的呢？它会协调你的身心反应，把你的注意力引向当前最重要的任务——保护自己。

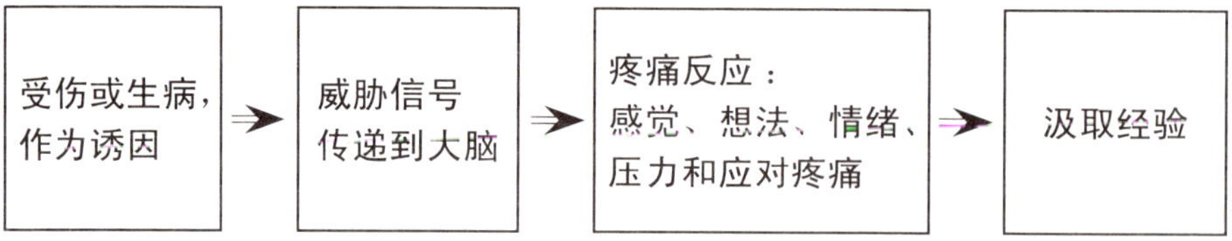

图1 保护性的疼痛反应

大脑会把威胁转化成痛觉

当你的身体受到刀割、火烧、炎症等威胁时，保护性的疼痛反应就出现了。你的皮肤、肌肉、关节、器官里的特殊神经元会检测到这些威胁。这些神经元专门观察种种蛛丝马迹，关注身体是否处在危险的环境中。当周围的世界很安全的时候，这些威胁探测器便默不作声。但当身体受到伤害或出现创伤时，它们发出的威胁信号就会通过脊髓传到大脑。

大脑里专门接收信号的区域一收到威胁信号就会做出判断：到底出了什么事？事情有多严重？我需要关注这件事吗？如果大脑决定要关注传来的信号，这条消息就会被传到大脑的其他区域。那些区域是帮助你应对紧急情况的。大脑的不同区域构成了“痛觉神经网络”（pain neuromatrix）。你可以把它想象成一个公共广播系统。这个系统会向所有可能需要这条信息的“人”，或者知道怎么应对当前情况的“人”传递信息。

你的大脑会把威胁信号转化成痛觉，好让你知道自己体内到底发生了什么事。这条消息也会被传给大脑里专门负责跟踪目标、处理冲突的区域。这个区域会让你集中注意力，关注到底是哪里出了问题，进而更好地解决问题。同时，大脑里专门处理情绪的区域也收到了信息，这就引发了恐惧、愤怒等一系列情绪反应。这些情绪虽然令人不快，却能有效地刺激你保护自己。总而言之，你对疼痛的想法和情绪反应，综合形成了你对“疼痛”的感知。大脑采取的策略就是让你有“哪里不大对头”的感觉，确保你会竭尽全力保护自身安全。

身体可以自己做好治愈的准备

疼痛反应会让你觉得很难受，进而会主动做一些事情来结束这种痛苦。应激反应就是这么出现的。为了让你采取有针对性的行动，威胁信号会同时被传向大脑的多个区域，促使身体做出紧急情况下的应激反应。

“紧急应激反应”会协调你的神经系统、内分泌系统、免疫系统和研究人员所谓的“超级应激系统”（supersystem of stress）的行动。这种超级应激系统会引起一连串的生理变化，让你拥有足够的能量和注意力，来保护自己的生命安全。神经系统会让你的交感神经兴奋起来，让你心跳加速、血压升高、感官变敏锐、肌肉变紧张，也会让能量以糖和脂肪的形式通过血液传送到全身。内分泌系统会向血液释放肾上腺素和其他应激激素，进一步扩大交感神经系统带来的影响。免疫系统做好了治愈病痛的准备。它激活了免疫细胞，准备打败所有的病毒或其他入侵者，防止你的身体感染炎症。体内的这些变化会让你觉得紧张、焦虑、脆弱，但它们同时也为你的身体做好了准备，让你思考问题时更敏锐、采取行动时更迅速，这些在紧急情况下是相当重要的。

从疼痛中汲取经验

威胁消失后，疼痛反应还没有结束。你的身心都希望你将来能保护自己免受同样的威胁。因此，神经系统会从疼痛的过程中汲取经验。

如果疼痛很严重，事后大脑就会来个“场景重现”，告诉你痛苦到底是什么样子的，分析到底发生了什么事，思考你可以做些什么来避免类似的痛苦。

你会忍不住回想自己经历过的痛苦，也会一直担心同样的事会不会再次发生，事情还会不会变得更糟糕。

大多数人都认为，这种事后的反思和疼痛反应是两码事。但是，事后反思其实是自我保护过程的重要组成部分。疼痛在你的思维和记忆中留下了印记，这能帮助你从痛苦中学到东西，好让你将来主动避开类似的威胁。当然，你回想这些痛苦经历的时候一点儿也不舒服。不过，如果你知道了这些想法为什么挥之不去，等它们突然出现的时候，你就不会太过苛责自己了。如果你知道了这种想法频繁出现只是为了保证自己的安全，你就不会再相信脑海中浮现的“最糟糕的情况”了。神经系统也会在你毫无意识的情况下从疼痛中汲取经验。无论是什么样的伤害或疾病，即使是短暂的伤害或痊愈的疾病，都会改变神经系统应对疼痛的方式。身体不但会从伤害或疾病中恢复过来，还会从中汲取经验教训，并利用这些经验教训来预测未来。疼痛系统的每个组成部分，从体内的威胁探测器到大脑中的神经元，都会通过某种方式去适应周围的情况，以便将来能更快地检测出类似的威胁，更快地做出自保的反应。

从第一次感觉到身体上的疼痛，到解决问题、出现心理上的煎熬，再到应激反应、学习过程，这就是全套的自我保护反应。这套反应导致了每个人不同的疼痛体验。疼痛不光是身体的感觉，还是最复杂的人类体验。这就是为什么，疼痛会渗入你生活的各个方面，影响你的想法、感觉和行为。

总而言之，如果是要在紧急情况下求生，或是要应对短暂的疼痛，那么自我保护疼痛反应是一套很有用的系统。但不幸的是，帮助我们在危机重重的世界中求得生存的东西，正是让慢性疼痛变得如此复杂、如此持久的东西。现在，让我们来看一看，当自我保护疼痛反应转化成慢性疼痛时，你可以做些什么。

急性疼痛与慢性疼痛

关于慢性疼痛，你需要了解的第一件事就是，它不遵守上述急性疼痛反应的法则。如果你想提升自己缓解疼痛的能力，那么，最重要的一点就是理解“急性疼痛”和“慢性疼痛”的区别。

“急性疼痛”是对某种伤害或疾病做出的瞬间反应。就像我在前面提到过的，它最初来自身体受到的真实威胁，进而引发了一种合理的自我保护反应。在大多数情况下，急性疼痛是判断身体是否受到威胁的可靠指标。如果你的腿撞到了东西，你一受伤就会觉得疼。如果你把手放在滚烫的火炉上，皮肤靠近热源的地方就会觉得疼。通常来说，疼痛的强度和受威胁的严重程度是成正比的。受到的威胁越大，你就越会觉得疼。当威胁消失、身体痊愈之后，这种疼痛就会消失。简单来说，当你感到剧烈的疼痛时，你就知道自己的感官有多敏锐了。

大多数人，包括许多和你聊过自己疼痛经历的人，都认为“慢性疼痛”也是这么个工作原理。他们觉得，如果你患有慢性疼痛，那么你的身体肯定是受到了一种长期的威胁，因此身体会不断向大脑发出警报。如果你的疼痛变得越来越强烈了，那一定是因为你身体受到的威胁越来越严重了。

实际上，慢性疼痛根本不是这么一回事。慢性疼痛和急性疼痛有三个重要的区别：首先，慢性疼痛会让身体对威胁变得非常敏感。即使威胁非常小或者根本不存在，身体也会向大脑发送受到威胁的信号；其次，大脑会更容易把周围的情况解释为“受到威胁”，或是把某种感觉解释为疼痛。即使没有出现真正的危险，大脑也会做出疼痛反应；最后，反复感受到疼痛会让“痛觉”和“压力”之间的界限变得非常模糊，随便一个小问题都会引发全套的自我保护疼痛反应。

这三个区别就意味着，慢性疼痛不是判断身体是否受到威胁的可靠指标。你感觉到的疼痛可能的确反映了身体受到的真实威胁，但在很多时候，你的身体根本没有一点儿危险。慢性疼痛反映的是一种自我保护的身心反应，虽说这种自我保护意识显然有点儿过度了。如果你反复受到慢性疼痛的折磨，那么，你的身心会渐渐学会检测非常轻微的威胁，进而引发一系列的自我保护疼痛反应，用疼痛来引起你的注意。

慢性疼痛是一种过度自保的身心反应

研究人员把很多种慢性疼痛都称为“被误导的学习过程”（misguided learning）。你的身心试图保护自己免遭未来的危险，因此，它们学会了适应当前的疼痛。在这个过程中，两种学习发挥着关键作用：第一种是学习对疼痛的敏感，第二种是学习把所有的威胁（包括与身体无关的威胁）都解释成身体疼痛。

疼痛并不总意味着受伤或生病

很多有慢性疼痛症状的人都会发现，自己随时在等待下一次疼痛发作，随时在等待疼痛变得更厉害。你可能还没有意识到这一点，但你的神经系统一直在做这件事。这就是所谓的“疼痛敏感”（pain sensitiation）。例如，神经末梢的威胁检测器会变得过度敏感，只要感觉到压力、紧张、炎症的蛛丝马迹就会发出“出现威胁”的信号。大脑随时待命，准备接收这种信号。它会告诉神经系统优先处理这种信号，并通过“快速通道”迅速传向大脑。因此，随着威胁信号在身体和大脑之间不断传输，神经系统会越来越擅长应付疼痛。对于有些慢性疼痛患者来说，即使是无害的身体感觉（比如阳光照射在手上），也会被神经系统解释成“出现威胁”，然后产生剧烈的疼痛。

当然，不是每个慢性疼痛的患者都是这样。但确实有很多种疼痛都是由过度敏感引起的。你只需牢记，慢性疼痛是对某种真实威胁的夸张反应。原本是为了自保而存在的疼痛反应，现在已经变得过度自我保护了。慢性疼痛的频率、持续时间和强度，可能已经远远超过了身体受到威胁的程度。不过，人们总是会忘记这一点。因为，当你忍受疼痛的折磨时，你自然而然会认为，出现疼痛就意味着身体有了问题。但值得庆幸的是，知道了疼痛并不总是意味着受伤或生病，会让你少一些担忧，多一些安慰。

为什么你会对疼痛越来越敏感

为什么过去体验到的疼痛会让你对疼痛更敏感？关于这一点，你得感谢神经系统的神奇能力——它能从过去的事里汲取经验。这种能力被称为“神经可塑性”（neuroplasticity）。简单来说，这就意味着神经系统会越来越擅长做它经常做的事。

神经可塑性对于学习新技巧是很有帮助的。比如，人们能学会玩杂耍，或者只用一条腿来平衡身体，就是神经可塑性的功劳。由于神经系统会从过去的事里汲取经验，所以大脑会越来越擅长解读它从身体那里得到的反馈，也会越来越擅长告诉身体该怎么办。就拿只用一条腿来平衡身体为例，神经系统会对“马上要摔倒”的信号变得越来越敏感，也会越来越擅长用这种信号来引起身体的反应，帮助你继续保持平衡。其实，神经系统之所以会越来越擅长应付疼痛，也是同样的道理。你反复体验到疼痛，会让神经系统越来越擅长检测威胁，然后及时产生自我保护的疼痛反应。但不幸的是，神经可塑性遇上慢性疼痛的时候可就不妙了。神经系统变得越来越擅长应付疼痛，只是意味着你会感觉到更多的疼痛。

但请记住，神经可塑性能帮助你形成各种各样的反应。它既能帮助你形成应激反应，也能帮助你形成有疗效的反应，比如放松身体、表达感激和接受事实。神经可塑性不仅为慢性疼痛提供了解释，也提供了最佳解决方案。

为什么你会觉得疼

慢性疼痛不仅会让你对身体的疼痛变得更敏感，还会让你对各种各样的身体压力、情绪压力和社会压力变得更敏感。这种敏感度的提高，同样是神经可塑性导致的。你每次感到疼痛，都会引发身体的应激反应。这个过程不断重复，应激反应就得到了强化。

反复的疼痛不但会让大脑里的“威胁探测器”对痛觉变得更敏感，也会让它们对各种各样的内心冲突、外界威胁变得更敏感。久而久之，慢性身体疼痛就变成了慢性情绪痛苦，焦虑症和抑郁症就这样出现了。

慢性疼痛会让你更容易受到慢性应激反应的影响，而慢性应激反应会让你的身体变得更敏感。应激反应会引起身体变化（如炎症），你的身体会不断从中汲取经验，这么一来，暂时的疼痛变成慢性疼痛的概率就大大增加了。和身体的疼痛一样，长期承受压力也会导致神经系统出现变化。你身体的“威胁探测器”会变得更加敏感，神经系统会更加渴望把威胁信号传给大脑，大脑则会更容易把“敏感”解读成“疼痛”。

你可能觉得，要把“疼痛反应”和“应激反应”区分开并不容易。其实，你的神经系统也面临相同的问题。由于疼痛系统和应激系统都属于人的求生系统，而且这两大系统往往是同时发挥作用的，因此，神经系统很容易像应付身体的疼痛一样，应付身体本身、情绪、经济、社会等方面受到的威胁。

每当出现“疼痛反应”的时候，你的大脑就会把疼痛和一些感觉、想法、情绪、环境因素联系起来。随着这种联系变得越来越强大，所有与身体疼痛有关系的东西，比如压力、愤怒、睡眠不足、痛苦的记忆、对未来的担忧，都会引起自我保护的疼痛反应，让你变得既敏感又痛苦。哪怕一些和过去的痛苦或身体的疼痛无关的威胁，比如工作压力或是和家人的冲突，都可能引起疼痛。更令人惊讶的是，心理上受到的威胁，也可能诱发身体上的疼痛。比如，研究发现，压力会引起某些肌肉的紧张和慢性腰痛。不过，和典型的疼痛反应不同，慢性身体疼痛是源于大脑的，然后才影响到身体的其他部位。

最重要的一个研究成果是：压力是诱发慢性疼痛的重要因素。对于大多数人来说，压力既是疼痛的结果，也是疼痛的成因。“时刻感觉有压力”本身也是一种慢性疾病。因此，学习缓解压力正是预防和应付慢性疼痛的重要步骤之一。许多有助于缓解压力的东西，比如自控感、社会支持和冥想练习，都有助于缓解身体的疼痛。关注这些东西，要比试图弄清自己的身体出了什么问题、应该如何解决这些问题，更有助于消除折磨你已久的慢性疼痛。

为什么说你应该充满希望

尽管上面的说法听起来像个坏消息，但有两个理由足以让你充满希望。

第一个理由是，你生来就拥有“愈合反应”，这种反应与自我保护的疼痛反应、应激反应一样强大。愈合反应既包括抑制疼痛、舒张肌肉的身体反应，也包括快乐、感激等积极正面的情绪。只要你学会了激活愈合反应，就能对抗疼痛和压力带来的影响，帮助你的身体走出伤痛和疾病的阴影。

第二个理由是，学习是一个终生的过程，你学到的反应都不是永远不变的。对于疼痛、压力的敏感有助于你适应环境，神经可塑性有助于你的伤痛愈合。既然你的身心已经学到了如何“应付”慢性疼痛，你现在该做的就是教它们一些新技巧。

我将在这本书里具体解释这两个理由。现在，你已经对慢性疼痛的成因有了一定的理解。不过，更重要的信息还在后面呢。在这本书接下来的章节里，你将进一步了解愈合反应的相关信息。我也将为你提供明确的指导，告诉你如何利用愈合反应来缓解疼痛、治愈伤病。

利用瑜伽重塑身心

想要中止慢性应激反应和疼痛反应，最好的方法就是让身心学会一种健康的新反应。这就是你将从这本书里学到的东西——帮你恢复健康的瑜伽练习。

在第二章里，你将了解到，为什么说瑜伽对缓解慢性疼痛很有效果。简单来说，瑜伽是一套身心联系的系统，也是消除各种疼痛反应的有效工具。瑜伽练习有的能让你放松，有的能缓解压力，有的能帮你应付情绪波动，有的能让你重新审视疼痛，还有的则能锻炼你的心智，降低你对疼痛的敏感度。

瑜伽会教你如何充分挖掘身心的潜力，避免难以预知的身体感觉的影响。瑜伽还会为你提供一套明确的治疗策略，告诉你如何照顾自己的身体。如此一来，即使是疼痛大举袭来，你也能掌控自己的感觉。

瑜伽不仅能帮你缓解慢性疼痛、减轻痛苦，还能帮你把"慢性疼痛反应"变成"慢性愈合反应"，为你带来巨大的能量、勇气和喜悦。

第二章

瑜伽带你找回健康

神经科学、心理学和医学都可以解释为什么疼痛会变成慢性的，但它们都没有给出让人满意的解决方案。止痛药如果长期服用，药效往往会越来越弱。那些所谓的“疼痛管理计划”则更关注如何应对疼痛，而不是如何改变疼痛的感觉。

这就为瑜伽留下了大显神威的空间。如今，瑜伽已经发展成为了一个终结痛苦的体系。早在两千多年前，世界上第一部阐述瑜伽意义和练习方式的著作《瑜伽经》（*Yoga Sutras*）里就有类似的描述。

瑜伽哲学为人们带来了摆脱痛苦的希望，瑜伽练习则为人们提供了促进愈合的工具。在这一章里，我会介绍一些传统的瑜伽理念，引导你踏上终结痛苦的旅程。它们能让你更好地理解第一章里的科学描述，为你学习接下来的章节打好基础。

身体、呼吸、心灵、智慧——获得健康的法宝

现代科学研究已经证明，我们所说的“身”（body）和“心”（mind）是不可分割的。但这个说法还漏掉了一件对人类来说必不可少的东西——“灵”（spirit）。

瑜伽补上了这件被遗漏的东西。瑜伽认为，人体系统不仅包括“身”和“心”，还包括呼吸、智慧和喜悦。呼吸是让你焕发生机的力量，智慧是你的内在指引，喜悦则是你与上苍的联系。这三个维度不但很好地解释了“灵”这个概念，还指出了一个常常被医学界和科学界忽视的事实：每个人都拥有内在的愈合能力和改善心态的能力。

两千年前的《瑜伽经》里就描述了这种身、心、灵三位一体的模式，同样的模式也适用于今天。科学研究认识到身、心不可分割，瑜伽则将身、心、灵视为一个整体。如果一个人想获得健康，那么身体、心灵、呼吸、智慧、喜悦这五个维度同样重要。其中任何一个维度失常，都可能影响到其他所有的维度。反过来说，其中任何一个维度的愈合，都可以促进其他所有维度的愈合。

呼吸

瑜伽里表示呼吸和生命力的是同一个词——普拉纳（prana）。普拉纳是支持你做事、思考和感觉的能量来源。它来源于呼吸，但却是我们的身体赋予了它生命力。

瑜伽修行者相信，普拉纳在体内流动，能促进身体的愈合。普拉纳比较少

的时候，你会觉得疲倦、难受、情绪低落。普拉纳比较多的时候，你则会觉得快乐、充满活力、强大有力。普拉纳在体内流动，会受进入身体的东西（比如食品、饮料、药物）的影响，也会受到身体所做的事（比如睡眠、运动、工作）的影响。与普拉纳联系最紧密的，正是简单的呼吸行为。请牢牢记住这一点，因为你很容易就会发现，呼吸能影响自己的身心状态。

呼吸是普拉纳的基础。瑜伽里有很多种呼吸方法，能促进生命力在你体内流动。这些呼吸方法被称为“调息”（pranayama)，它的字面意思是“管理能量”。本书将教给你许多种呼吸方法，它们都是帮助你找回精力、自控力和幸福的绝佳工具。

呼吸是本书介绍的每一种瑜伽练习方法的核心。在下一章里，我们将从“感知自己的呼吸”和“调息练习”开始瑜伽练习之旅。

• 智慧 •

我们大多数人都爱从外界寻求指引，会向专家、机构、医生甚至作家寻求帮助。如果你需要搜集特定的信息或建议，这么做确实没什么错。但传统瑜伽认为，有一种内在智慧能超越所有专家智慧的总和。这种内在智慧比任何一种外界权威都有力量。它能告诉你，到底什么才是真正适合你的方式，你怎么样才能获得平和的心态。

在瑜伽这种“身心灵三位一体”的模式里，智慧不仅包括知识和智力，也包括直觉和念力。智慧其实是一种能力，让你懂得此时此刻自己该怎么做才对，此时此刻自己究竟需要什么东西。它能让你一眼看透导致痛苦的思维习惯是什么，是压力或失望，还是自我批判或担忧。瑜伽告诉我们，每个人都拥有这种能力，这种能力是人类本质的重要组成部分。

通过把注意力集中在呼吸、身体、思维、情绪的内在指引上，你也可以开发出藏在自己体内的智慧。瑜伽，特别是冥想，能教你区别内在智慧的指引和有害思维习惯的诱导。瑜伽还能开发出你的自我保健本能，帮你了解一个重要的事实：人的身体应该是积极健康、毫无疼痛的。如果你能接受内在智慧的指引，你就会变得更强大有力、更具洞察力，能更好地应付生活中的种种挑战。

• 喜悦 •

瑜伽给“喜悦”下的定义是：喜悦是对一个人来说最有意义的东西。喜悦就是油然而生的幸福、感激、平和。你可能会在某个特殊时刻感到喜悦，比如刚生下娇儿的时候，与爱人携手看夕阳的时候，或是沉浸在手工劳动或创造性工作中的时候。喜悦不需要依赖外部事件出现。只不过，在某些特殊的时刻，你会更容易进入喜悦的状态。

从瑜伽哲学的角度看，喜悦是最接近人类天性的东西。它不会根据你的想法、情绪或周围环境而波动，也不会突然出现或消失。相反，在某个时刻感到幸福，正是人类最核心的本质。内心的喜悦不会因为生活出现变化而改变，也不取决于你是否改正了犯下的错误、获得了想要的东西。即使是慢性疼痛，也不能剥夺你感到幸福的能力。

瑜伽练习可以帮助你重新与内心的喜悦建立联系。无论是想象感激的冥想练习、释放身心的放松姿势，或者是增强体内能量流动的呼吸练习，都能帮助你找回内心的喜悦。

瑜伽可以改变习惯、消除痛苦

如果说智慧和喜悦正如呼吸和身体一样，都是一个人的重要组成部分，那么，人们为何这么容易失去天性？对这个问题，瑜伽和现代科学给出了一样的答案：此时此刻的痛苦，源于过去的疼痛、创伤、压力、伤害和疾病。

慢性疼痛是从过去发生的事情那里学来的。从过去发生的事情那里汲取经验，现代科学称为“神经可塑性”，瑜伽称为“业障”。“业障”指的是一种身心记忆。这种记忆会影响人们此时此刻的感受。瑜伽哲学认为，人的每一次经历，包括想法、情绪和感受，都会给身、心、灵留下痕迹。每一次经历都会被储存起来，被视为生活赋予你的礼物。

它们不仅记录了你过去的经历，也决定了你将怎样应付未来的情况。“业障”也会变成一种身心习惯，让你更容易重复过去的行为，更容易根据“过去的经历”来解释世界。这种习惯会让你止步不前，永远保持同样的情绪，有同样的想法，体验同样的痛苦。

• 瑜伽是一个积极转变的过程 •

“业障”既可以导致痛苦，也可以导致积极的变化。积极正面的经历就像创伤、疾病、疼痛和压力一样，也会给你的身心留下痕迹。放松、舒适、快乐的动作，对万事万物的感激，以及其他积极思维和正面情绪，都会改变你的身、心、灵。你练习去感觉什么东西，就能感觉到什么东西；你练习想变成什么样子，就能变成什么样子。

瑜伽大师帕坦伽利（Patanjali）在《瑜伽经》里为修行者提供了一些建议，

这些建议能帮助你消除业障。他说："如果你想摆脱消极的习惯，就有意识地去练习和它对立的习惯吧。"换句话来说，如果你想消除旧习惯造成的痛苦，你就得通过练习培养新的习惯。

瑜伽是一套经过时间检验的体系，它能够改变人们的身心习惯。瑜伽练习能消除导致痛苦的业障，用积极正面的新习惯取代旧习惯。瑜伽改变业障的方法既简单又直接：首先，练习感知自己的旧习惯，了解它们是如何导致痛苦的；其次，练习与它们对立的新习惯，看这么做能否缓解痛苦。

举一个简单的例子吧：假设你想缓解脖子疼，而它是由颈部持续紧张的习惯导致的，那么，瑜伽就能帮你做到两件事：首先，感知自己的身体（包括颈部）在什么时候、什么地方会持续紧张，了解这种紧绷会导致身体不适；其次，学习通过呼吸和伸展来放松颈部，卸下使你的身体持续紧张的压力。

这本书里介绍的每个瑜伽练习都是同样的道理。每次瑜伽练习都是给身、心、灵留下新痕迹的机会。本书会教你辨别导致慢性疼痛的身心灵习惯，然后教你消除这些习惯，同时有意识地通过呼吸、动作、放松、冥想来实现愈合。

瑜伽是实现转变的必备工具

瑜伽包括很多能帮助人们实现转变的工具。要找到最适合你的那一种，最好的办法就是每一种都试一试。

在本书里，我将为你介绍针对不同慢性疼痛的瑜伽练习。把这些练习融合在一起，不仅能解决身、心、灵方面的所有问题，还能帮你重新找回健康、和谐、幸福的身心状态。

跟随你的直觉去探索每一章里介绍的瑜伽练习吧。如果你发现自己和某种练习产生了共鸣，那么请持续练上一段时间。坚持每天练习，看看它如何改变你对身体的感知，看看它如何改变你的想法和情绪，看看它是否会导致你生活中其他的改变。

瑜伽所说的五个维度的体验，包括身体、心灵、呼吸、智慧和喜悦，都是紧密相连的。为了终结自己的痛苦，你可以从任意一个维度出发，让疗效渗入你身、心、灵的各个层面。以“呼吸”为出发点的瑜伽练习，会影响你体内的每个系统。以“心灵”为出发点的冥想，会帮你找到自己的内在智慧，重获内心的喜悦。以“身体”和“呼吸”为出发点的动作练习，也可以变成一种移动的冥想，让你获得内心的平静。这本书里提到的每一种练习方式，都可以成为开启你“全面愈合”之门的钥匙。

渐渐地，你会发现，很多练习方式都对你有所启发，能帮助你管理疼痛。到那个时候，你就可以不断尝试别的瑜伽练习方式了。本书第八章将告诉你，怎么把对你最有疗效的练习方式结合起来，创造一套属于你的个性化瑜伽练习。

瑜伽带你回归本源、找回平和心态

请回想一下本章都介绍了些什么东西。我希望你还记得瑜伽的前提假设——智慧和喜悦是人类天性中最自然、最内在的东西。无论人的身心发生了什么变化，智慧和喜悦始终保持不变。瑜伽认为，智慧和喜悦不仅是更高层次的内心活动，还超越了不断变化的想法、情绪和感觉，是人类天性中最核心的东西。从这个角度来看，你可以说：“即使疼痛仍然存在，我也已经是圆满的、痊愈的了。”

“瑜伽”这个词源自梵文中的“yug”，本意是“联合”。我喜欢把瑜伽练习视为一种联合，视为一份邀请人们回归本源、体验天性的邀约。无论你的生活中发生了什么事，你都可以把身心当作避风港，在此时此刻找回平和的心态。

第三章

呼吸——缓解疼痛的工具

每次呼吸都会为身体提供氧气，支持身体去做求生所需的事。无论你是怎么呼吸的，呼吸都让你和生活紧密相连。你可以把每一次呼气和吸气都视为无须处方、无须费力的疗法。

在瑜伽的术语里，表示“呼吸”和“能量”的是同一个词——普拉纳。这绝不是个巧合。每次呼吸都会为身体提供氧气，支持身体去做求生所需的事。无论你是怎么呼吸的，呼吸都让你和生活紧密相连。你可以把每一次呼气和吸气都视为无须处方、无须费力的疗法。

呼吸也是疼痛反应的有机组成部分。只要你有意识地去改变呼吸，你就能轻易改变这些反应。要阻止疼痛信号在脑细胞之间传输，或是要求肾上腺停止释放应激激素，确实不容易做到。但是，学会放缓呼吸或加深呼吸却很简单，你要做的事就是把注意力集中到呼吸上。呼吸的微小变化会导致身心功能的巨大改变。例如，既可以减少压力荷尔蒙的分泌，也可以降低大脑对疼痛的敏感程度。

呼吸变化能对疼痛反应产生影响。你既不需要学习如何屏住呼吸，也不需要学习特殊的呼吸技巧。你需要掌握的技巧非常简单，随时随地都可以练习。

研究表明，只需把注意力集中到呼吸上，就能有效缓解压力，让你感觉良好。关注自己的呼吸是每个人都能轻松做到的事，这使得呼吸成了消除慢性疼痛的完美出发点。

在这一章里，你将了解到，为什么说呼吸是缓解疼痛的重要工具。你还会学习三种不同的瑜伽呼吸方法：（1）感知自己的呼吸；（2）通过温和的动作和伸展练习放松呼吸；（3）缓解压力、消除疼痛的呼吸技巧。

呼吸反映了一个人的身心状态

面对巨大压力的时候，你是怎么呼吸的？面对剧烈疼痛的时候呢？如果你从来没有注意过这件事，那就从现在开始关注吧。你会发现，呼吸正是压力和疼痛首先显形的地方。

瑜伽修行者很早就认识到，呼吸反映了一个人的身心状态。当身心被恐惧、愤怒、悲伤、疾病、疼痛等笼罩时，人们的呼吸就会变得紊乱。对一些人来说，疼痛和压力会导致屏住呼吸、呼吸变浅或呼吸困难。这是一种典型的戒断反应（withdrawal response）。也就是说，身体试图保护自己，避免自己受到疼痛或压力的影响。对另外一些人来说，痛苦和压力会导致呼吸急促，甚至是歇斯底里。这是一种典型的应激反应（emergency response）。也就是说，身体正在拼命获取战斗或逃跑所需要的能量。你可能发现了，根据疼痛和压力的形式不同，自己的呼吸会同时符合以上两种模式。

这些变化都是正常的身体本能反应，是身体在保护自己，避免自己受到疼痛或压力的影响。但是，“正常”并不意味着这些都是“健康”的反应。如果你长期受压力或疼痛的影响，这两种呼吸模式就可能变成常态。这么一来情况可就不妙了，因为反映压力和疼痛的呼吸模式，反过来又会增加压力和疼痛，让你无法感觉普拉纳的自然流动，使身体无法为你提供所需的能量。

当然，事情没有必要变得这么糟糕。受到疼痛和压力的影响时，你可以学会有意识地放松呼吸。呼吸一旦放松，神经系统就会收到这样一条信息——“我是安全的、幸福的”。这条信息会引发一连串的身心变化，使应激反应和疼痛反应中断。然后，你马上就会感觉好多了。同时，你也教给了自己一种健康的方式，让身心能更好地应付疼痛和压力。

利用呼吸改变身心状态

有一项研究观察的是人们在喜悦、愤怒、悲伤、恐惧状态下呼吸的变化。这项研究充分展示了呼吸与感觉的相互关系。研究人员先诱导参加实验的人出现以上四种情绪，然后再测量他们呼吸的频率、深度、动作和紧张程度。结果发现，每一种情绪会使呼吸出现特定的变化。例如，喜悦会使呼吸变得平稳、缓慢、深沉、轻松，悲伤则会使呼吸变得紊乱、轻浅、紧张、时断时续，甚至夹杂着叹息和颤抖。

还有一项研究观察的是人们根据指导语而呼吸时情绪的变化。研究人员让参加实验的人根据指导语进行呼吸，但没有向他们说明呼吸会影响情绪。研究发现，在没有其他情绪触发因素的情况下，特定的呼吸方式会引发相关的情绪。

以上两项研究都证明了，你做这一章里介绍的呼吸练习时，可以观察到自己情绪的变化。呼吸是一种强大的工具，能打破疼痛的恶性循环，缓解慢性疼痛和压力。只要你学会了与舒适、安全、喜悦相关的呼吸方式，你就能逐渐摆脱痛苦。

呼吸的练习

感知自己的呼吸

请注意呼吸的过程，关注气息是如何进出身体的，关注呼吸时身体的运动。

练习：

· 随时关注自己的健康、幸福和喜悦。

· 受压力或疼痛影响时，把注意力集中到安全感、自控感和舒适感上。

· 可以只练一分钟，也可以想练多久就练多久。

你肯定知道自己在呼吸，但你能感觉到自己的呼吸吗？你能感觉到气息通过鼻子、嘴巴和喉咙，进出你的身体吗？你吸气和呼气的时候，能感觉到腹部的运动吗？感知呼吸（breath awareness）就是关注你呼吸时的感觉。

这个练习听起来很简单，也不怎么有趣，但你越是把注意力集中在呼吸上，就越容易发现一片新天地。通过关注呼吸的感觉，你将学会关注身体的感觉。当你忍受疼痛的折磨时，这种技巧绝对是无价之宝。虽然你的大脑会本能地被痛觉吸引过去，但你也可以诱导大脑去关注其他感觉。这会让你的呼吸变得舒缓，让你的身心得到放松。

你准备好了吗？我们开始吧

你可以用任何姿势做“感知呼吸”的练习。不过，你可能会发现，保持舒服的姿势最有利于集中精神。你可以挺直身体坐在椅子上，也可以盘腿坐在地板上，再拿个垫子放在屁股底下给身体提供支持。

你不用控制呼吸，不用刻意深呼吸，也不用试图“改善”自己的呼吸方式。除了关注自己的呼吸之外，你不用试着去做任何事情。请记住，没有所谓“正确”的呼吸方式。当你越来越意识到自己的呼吸时，你就会发现，呼吸的质量发生了变化。你的呼吸可能放缓了，可能加深了，也可能变得顺畅了。你要让它自然而然地发生，而不要刻意去做什么事。如果你遇到了障碍，发现关注呼吸会让你觉得有压力，你也可以随时停下来。

下面的指导语会引导你去发现一些呼吸的感觉。当你第一次阅读指导语的时候，请尝试每条建议。先探索一种感觉，把注意力放在这个感觉上，保持这种感觉呼吸几次，再转移到另一种感觉上。渐渐地，你就会了解自己的呼吸究竟是什么样子的。第一次做呼吸练习前先读指导语，就像点菜前要先读菜单一样。

试过第一次后，练习“感知呼吸”的最佳方式就是闭上双眼，把注意力放在你意识到的东西上面。你会发现，有很多东西都值得去关注，但你只需关注自己呼吸起来是什么感觉。感觉能量的自然流动，感觉能量让你与生活相连。

如果你经常做这样的呼吸练习，你就会发现，某种感觉（比如腹部舒张的感觉，或气息进出鼻子的感觉）最能让你的内心平静下来，带你回归身体的本源。你下一次做“感知呼吸”练习的时候，不妨把注意力只放在那种感觉上。

请注意呼吸时气息是如何进出身体的

首先，请把注意力放在每一次呼吸上。当你吸气的时候，注意你正在吸进空气。当你呼气的时候，注意你正在呼出空气。你可以在心里默念“吸气”“呼气”，好让自己精神集中。继续重复这个动作，直到你的精神集中起来，能够舒适地关注自己的呼吸。

现在，请注意你是用鼻子还是用嘴巴呼吸的，注意气息是怎样进出身体的，注意气息通过鼻子、嘴巴和喉咙的感觉。你有没有觉得咽喉、下颌、嘴巴或脸部某个地方有点儿紧张。如果你发现了紧张的部位，让它们放松下来。你呼吸的时候会发出声音吗？如果会发出声音的话，那是别人能听到的声音，还是只有你自己才能听到的声音？请注意倾听这种声音，保持这个状态呼吸几次。

请注意呼吸时身体是如何运动的

现在，把你的手放在腹部。请注意，随着你的呼吸，腹部发生了什么变化。你有没有感觉到吸气的时候腹部在扩张，呼气的时候腹部在收缩？你能通过手感觉到腹部的运动吗？你能感觉到肚子里的运动吗？你能感觉到吸气时腹部的肌肉和皮肤在舒展，呼气时腹部的肌肉和皮肤在收缩吗？

接下来，把你的手放在胸口，注意肋骨是如何随着呼吸运动的。你能感觉到肋骨的扩张和收缩吗？请一定要有耐心。你可以想象一下，无论你把手放在哪儿，你都可以通过那个部位呼吸。先通过手去倾听胸腔的运动。然后，把注意力转向胸腔的感觉：吸气的时候，感觉胸腔的肌肉和皮肤在舒展；呼气的时候，感觉胸腔的肌肉和皮肤在收缩。

现在，把一只手放在胸部，注意呼吸时胸部是如何运动的。吸气的时候，你能感觉到胸部在轻轻扩张吗？呼气的时候，你能感觉到胸部在微微塌陷吗？你能同时感觉到自己的手掌和胸部吗？请注意肋骨扩张的感觉，以及肺部在体内扩张的感觉。

最后，双手自然下垂，放在你觉得舒服的地方。当你呼吸的时候，请注意气息是如何进出身体的，你的身体又是如何运动的。请注意每次吸气和呼气的感觉。这样一来，你才能和维持生命的能量取得联系。你要做的事，就是迎接这些能量的到来。把注意力放在呼吸上，就是让身体放松地呼吸，从而达到治疗的效果。

克里斯蒂娜的故事：在疼痛中寻找自由

克里斯蒂娜是一位人力资源经理和冲突协调主管，她每天的工作就是帮别人解决问题，帮别人应对压力。每晚6点下班的时候，她早已是筋疲力尽了。然后，她还要回到家里，开始“第二份工作”——照料年纪越来越大、越来越需要关怀的婆婆。

从青春期开始，克里斯蒂娜就饱受偏头疼的困扰。随着时间的推移，她的偏头疼症状愈演愈烈。对克里斯蒂娜来说，偏头疼的感觉非常折磨人。由于疼痛始终存在于她的脑海中，她觉得非常难受，但又没法摆脱。偏头疼占据了她的全部注意力，让她没有办法集中精神做其他事。克里斯蒂娜是这么描述这种感觉的：“就好像是偏头疼要把我的意识挤出大脑，然后接管我的大脑一样。”她认为，如果疼痛出现在身体其他的地方，比如手臂、双腿、背部等与思考无关的部位，事情可能就不会这么糟糕了。

克里斯蒂娜想通过练习瑜伽找回属于自己的空间。她希望，即使是在头疼的时候，她也能拥有一点儿自由。因为疼痛是出现在脑袋里的，所以像“感知呼吸”这样的简易冥想练习很适合她。她把这种练习称为“把我的心智从头疼那儿抢救回来”。

克里斯蒂娜在做“感知呼吸”练习时，通过关注自己腹部的运动，获得了一种自由的感觉。她说：“我让自己的意识深入丹田。我过去一直觉得，真实的‘我’只存在于大脑里。但当专注于呼吸时腹部的运动后，我突然觉得精神高度集中。”尽管偏头疼并没有消失，但根据她的描述，疼痛“就像被调低了音量一样”。只要把注意力放在疼痛之外的东西上，你也可以做到这一点。

克里斯蒂娜发现，在工作和家庭关系紧张的时候，自己也可以做“感知呼吸”的练习。这种练习使她在面对冲突和艰难抉择时能够集中精神。她觉得这种练习很有效，能让自己避免被别人的混乱处境影响，不让工作或生活压力窃取自己的能量。

这就是“感知呼吸”练习的功效。它能把你带回身心的本源。它也会提醒你，此时此刻折磨你的疼痛、压力或痛苦并不代表“真实的你”。呼吸就像船锚一样，能让你这条小船在暴风骤雨中安如磐石。“感知呼吸”练习还能帮助你重获生命力，夺回被疼痛窃取的能量。

下一次，当你发现自己情绪低落、缺乏活力的时候，不妨试一试“感知呼吸”的练习。请记住，生命力正在你的体内流淌。如果你想感觉生命力的流淌，既不需要“改善”呼吸质量，也不需要刻意去做深呼吸，只需花一分钟的时间，静下心来，把注意力集中在呼吸上。

更加自由地呼吸

通过温和的伸展运动，缓解呼吸的紧张。

练习：

· 随时随地都可以练习，可以养成健康的呼吸习惯。

· 可以作为一套独立的瑜伽练习，也可以作为一套较长练习的开始。

· 全套练习需要5~10分钟。可以把个别伸展运动挑出来，组成一套较短的练习。

如果你想每天都感到幸福，最好的方法就是学会呼吸，尤其是既不费力又不紧张地呼吸。紧张的呼吸会加剧疼痛和压力，轻松的呼吸则会给身心发出信号，告诉它们你很安全。释放呼吸的紧张，会让呼吸变得更深沉、更顺畅、更不费力。

呼吸的紧张感来自哪里？在大多数情况下，它来自你体内的紧张。如果你的腹部、背部、胸部、肩部、颈部一直保持紧绷，那么呼吸时肌肉和肺部的运动就会受到限制。当你的腹部、背部、胸部、肩部、颈部摆脱了不必要的紧张后，呼吸就会变得自然多了。

温和的伸展运动是释放紧张感的最佳方式。想要更好地理解这一点，你可以想象一下吹气球。你刚从袋子里拿出新气球的时候，气球是扁扁的。要直接把它吹起来是很难的，你会遇到很大的阻力。即使你努力去吹，气球也不会完全膨胀起来。但如果你先花点儿时间拉扯一下气球，再试着把它吹起来，事情就会变得容易多了。呼吸也是一样的道理：释放掉外部阻力（也就是肌肉紧张）后，你不用费多少力气就可以顺畅呼吸了。你将体验到更深沉、更轻松的呼吸。

释放紧张感只需要花几分钟的时间，但这么做会对你的身心产生巨大的影响。因此，释放呼吸的紧张感是你开始新的一天的最佳方式，是工作间歇时释放压力的最佳方式，也是开始一套较长的瑜伽练习的最佳方式。

你准备好了吗？我们开始吧

下面是一组简单的伸展运动。它们能帮助你消除紧张感，摆脱呼吸受到的限制。第一次尝试这些伸展运动时，你可以看一看自己有没有呼吸时紧绷身体的习惯。每次伸展运动前后，请把手放在身体上应该释放气息的地方，耐心地吸气—呼气。请保持自然呼吸，不用刻意深呼吸。请注意，当你呼吸的时候，这个部位有没有扩张和收缩。你觉得自己的呼吸是变得更顺畅了，还是变得更僵硬了？

如果你这么呼吸了一段时间后，还是没有感觉到这个部位在活动，那么，说明就是这个部位很紧张。请伸展身体并轻轻活动这个部位。这会有助于释放紧张，使这个部位在你吸气的时候能够扩张。做完伸展运动后，请再检查一下，看看你呼吸时这个部位能不能活动。如果它能活动了，那就说明这套练习很适合你，你可以经常练一练。

如果你没有发现任何变化，你呼吸的时候这个部位还是纹丝不动，那么，请想象一下，当你吸气的时候，这个部位在扩张，当你呼气的时候，这个部位在收缩。当你试图改变自己的身心习惯时，想象力是个强大的工具。而且，你不需要费太大的劲儿，就可以获得良好的效果。

放松你的腹部和腰部

◢ 弯曲脊椎

作用：缓解腹部和背部的紧张感

吸气时，拉伸身体的正面。把肩膀向后扳，挺胸，脊椎微微向后弯曲。吸气会让你做这个动作变得更简单，还能加强你胸部和腹部的拉伸感。

呼气时，改变姿势，拉伸身体的背面。含胸，胸部和腹部向内收缩，拉伸你的后背。呼气会让你做这个动作变得更简单，还能加强你背部的拉伸感。

释放呼吸的练习不仅包括两次伸展运动，还包括用呼吸把动作串联起来。每次开始拉伸动作的时候，同时开始吸气或呼气。等你呼吸完，动作也正好结束。请找到一种自然的呼吸节奏，把两次伸展动作串联起来。

重复上面的动作，呼吸5~10次。

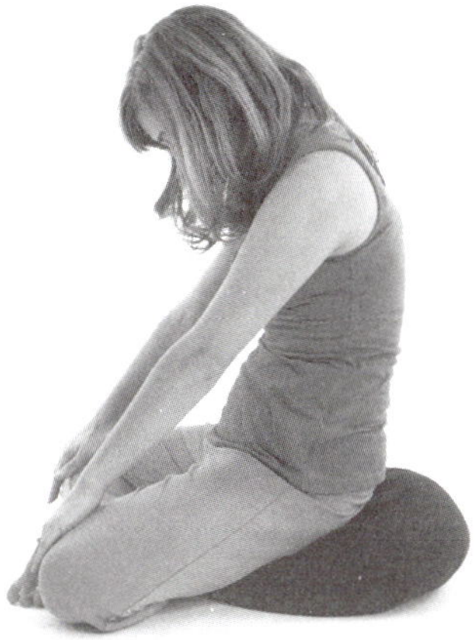

◢ 身体前屈

作用：缓解背部的紧张感

保持坐姿，身体向前倾，靠在自己的手臂、枕头或任何能依靠的支撑物上。保证自己感觉良好，轻松地呼吸和休息。感觉你呼吸时腹部和背部的起伏。

保持这个姿势呼吸5~10次。

做完弯曲脊椎和身体前屈的动作后，请恢复坐姿，把手放在腹部，感觉它在你吸气的时候扩张，在你呼气的时候收缩。感觉你呼吸时腹部和背部的起伏。

放松你的上半身

扩胸

作用：缓解胸部和肩部的紧张感

从背后紧握双手，或把双手伸向背后，抓住椅背。向后并拢肩胛，打开胸部，让上臂恰好能碰到侧肋。关注你胸部的起伏，想象气息从胸部进出身体。想象你吸气的时候心脏和肺部是怎样扩张的。

保持这个姿势，呼吸5~10次。

◢ 舒展颈部

作用：缓解颈部和肩部的紧张感

让一只耳朵靠向同侧的肩膀，把一只手放在锁骨下方，感觉呼吸时手掌下面的微妙起伏。

保持这个姿势，呼吸5~10次。

做完扩胸和舒展颈部的动作后，把双手放在胸口，想象把气息引向双手所放的地方。当你吸气的时候，感觉胸部在扩张；当你呼气的时候，感觉胸部在收缩。然后，把一只手放在腹部，感觉胸部和腹部都在你吸气时扩张，在你呼气时收缩。感觉你呼吸时上半身的起伏。

拉伸背部

作用：缓解背部和肩部的紧张感

双手在身体前方交叉，伸直手臂，让手掌尽可能远离身体，充分舒展你的肩胛骨。压低下巴，尽可能让它靠近胸部。感觉你呼吸时背部的运动，想象气息从背部进出身体。想象你的肺部是怎样在体内扩张的。

保持这个姿势，呼吸5~10次。

做完拉伸背部的动作后，在胸前交叉双臂，给自己一个拥抱。把注意力集中在背部，想象把气息引向这里。通过你环绕身体的双臂，感觉肋骨在扩张。关注呼吸时肋骨和背部的运动，感觉它们在你吸气时扩张，在你呼气时收缩。

放松体侧

体侧伸展

作用：缓解胸腔和体侧的紧张感

使身体朝一侧倾斜，慢慢弯曲脊椎和胸腔，直到你觉得体侧得到了伸展。用手掌或肘部支撑身体。感觉呼吸时侧肋的运动，想象气息从这里进出身体。

保持这个姿势，呼吸5~10次。

做完体侧伸展动作后，把一只手放在肋骨侧面或腰部，想象把气息引向手所放的地方。当你吸气的时候，感觉体侧在扩张。当你呼气的时候，感觉体侧在收缩。感觉你呼吸时体侧的运动。然后，换到身体的另一侧，重复同样的动作。

感觉整个身体都在呼吸

找一个你觉得舒服的姿势，完成这套练习。闭上双眼，感觉你呼吸时身体是怎样活动的？请注意，在花了这么多时间伸展和呼吸后，你的身体有什么感觉？和做伸展练习之前相比，你的呼吸有没有变化？

镇痛、减压的呼吸练习

喜悦呼吸术

脸上保持微笑，通过腹部、肋骨和胸部呼吸，想象你的心脏在扩张。

练习：

· 你随时随地可以找到内心的喜悦，因为内心的喜悦才是你的天性。

· 呼吸10次。如果你觉得这套练习有用的话，也可以想练多久就练多久。

喜悦呼吸术是一种很简单的练习，是通过改变呼吸质量来改变心态。

找一个你觉得舒服的直立姿势，坐着或站着都可以。把双手放在胸口，注意呼吸时手掌下面的自然起伏。放松你的脸、脖子和肩膀。

当你吸气的时候，感觉你的腹部、肋骨和胸部都在扩张。这种扩张的感觉就像一道从下腹部开始的波浪，在心脏那里达到最高潮。你每次吸气的时候都要很有耐心，不断欢迎气息进入身体，直到你觉得又舒服又开心。当你呼气的时候，要毫不费力地让气息流出身体。你甚至可以张开嘴巴，通过温和的叹息让气体溜出去。吸气和呼气都应该是完全放松的。请时刻牢记，你正在接收“呼吸”这份大礼，要用开放的心态来欢迎它。同时，你的脸上要保持微笑。

你一旦感知到了自己的呼吸，就请闭上双眼，感觉心脏在手掌的正下方跳动。请在心中描绘一幅图——你的心脏栖息在两叶肺中间，就像一个散发光芒的太阳，或一个你最喜欢的颜色构成的光球。想象它在你吸气的时候扩张，在你呼气的时候收缩。想象一下它扩张和收缩时的样子，感觉它是怎样扩张和收缩的。

放松呼吸术

慢慢延长你的呼吸，把呼气时间延长到吸气时间的两倍。

练习：

· 在疼痛突然袭来或感觉到压力的时候，寻找一种安全感、自控感和舒适感。

· 如果你觉得这套练习有用的话，想练多久就练多久，但不要勉强自己。如果出现了任何不适感，请放松下来，恢复正常的呼吸。

放松呼吸术能帮助你度过被疼痛和消极情绪所困的时期。面对慢性疼痛、恐慌、手术、飞机颠簸和各种各样的压力时，这种呼吸技巧能帮你找到安全感和自控感。

放松的呼吸之所以能缓解疼痛、减轻压力，主要有两个原因。

第一，通过放慢呼吸速度、延长呼气时间，它可以终止身体的紧急应激反应，引起放松反应。

第二，它会让人把注意力集中在一些容易控制的东西上面。这会创造一种安全感，让你的身心在面对威胁和疼痛时变得不再那么敏感。

呼气时有意识地紧张，吸气时有意识地放松

最开始的时候，请放慢呼气的速度。想要做到这一点，最简单的方法就是呼气时撅起嘴唇，就像两片嘴唇之间含着吸管一样。想象你通过一根吸管来慢慢地呼气。为了让呼气保持缓慢稳定，请充分利用你的腹部肌肉。

呼气的时候，让腹部憋下去。吸气的时候，把嘴唇闭起来，释放腹部的紧张。这个简单的放松动作会让气息通过鼻子进入身体，你完全无须费力。你的腹部会随着吸气自然地迅速膨胀起来。

重复几次这套动作。我们的目标是实现有意识地、彻底地呼气，以及轻松地、毫不费劲地吸气。

◢ 计算呼吸

放松呼吸术的第二步是让呼气时间比吸气时间长。你需要计算每次吸气和呼气的时间长度。经过几轮呼吸练习，你的呼气可能已经比吸气慢了不少。例如，你在吸气时可以数到3，在呼气时则可以数到5。

经过几轮的吸气和呼气，我们已经离把呼气时间变为吸气时间的两倍（吸气时可以数到4，呼气时则可以数到8）的目标越来越近了。这种呼吸技巧的关键在于不勉强自己，要用力呼气，而不是迅速吸气。练习时要有耐心，要有意

识地把空气完全排出去。如果你对“延长呼气时间”这件事感到紧张，你就会给身体增加压力，而这正是“放松的呼吸”练习希望避免的。如果你觉得不舒服，就不要强迫自己的呼吸时间变成1：2。如果你可以轻松地把呼气时间变得比吸气时间略长一点，或者使呼吸时间相等，那也是很不错的。

找到一种稳定的呼吸节奏之后，请试着只用鼻子吸气和呼气。如果你能平稳缓慢地呼气，也能在闭着嘴巴的情况下轻松吸气，那就请继续练下去。如果你做不到这一点，那就回到之前的撅嘴呼气。在延长呼气的过程中，请想象自己摆脱了疼痛、压力和其他你不需要的东西。

你可以继续练习放松呼吸术。如果你喜欢，你也可以一直练下去。但通常来说，延长呼气时间让你受益最多的是头几分钟。如果你发现自己屏住了呼吸，或者在强迫自己呼吸，那就请放松下来，恢复正常的呼吸。

放松呼吸术也可以略有变化，加入冥想的步骤。你可以用瑜伽的真言（mantra）来计算吸气和呼气的时间。你可以用一句四个音节的真言（如sa-ta-na-ma或om shanti om）来计算吸气的时间，然后把这句真言重复两次，用来计算呼气的时间。

关于瑜伽真言的发音和含义，请看本书的第七章。

平衡呼吸术

第一部分（鼻孔交替呼吸术）：先用右鼻孔吸气、左鼻孔呼气，再用左鼻孔吸气、右鼻孔呼气。这样交替练习10轮，也就是呼吸20次。如果你有任何不适的感觉，请放松下来，恢复正常的呼吸。

第二部分（观想）：想象用“鼻孔交替呼吸术”，呼吸10次。想象用右鼻孔和右侧身体呼吸的场景，呼吸10次。然后，想象用左鼻孔和左侧身体呼吸的场景，保持这个状态呼吸10次。想象交替用左右侧呼吸10次。最后，同时用两个鼻孔呼吸，想象气息在全身流动，呼吸10次。

练习：

· 在疼痛突然袭来或感觉到压力的时候，寻找一种安全感、自控感和舒适感。

· 躺在床上做练习（仅限第二部分的练习），有利于摆脱压力或疼痛导致的失眠困扰。

平衡呼吸术（又名交替呼吸术）特别有利于缓解压力。它的梵文名称是nadi shodana，字面意思是“净化能量”。有研究表明，这种呼吸技巧能消除压力导致的副作用，降低血压，放慢心率。你会发现，平衡呼吸术能为你带来平和的心态，给身体带来放松的感觉。

你准备好了吗？我们开始吧

首先，把右手摆成右页图中的样子：五指张开，食指和中指折向手掌，拇

指、无名指和小指伸直，准备好用拇指按住右鼻孔，小指按住左鼻孔。

现在，试着把右手靠近鼻子，用大拇指按住右鼻孔。请注意，你可以通过左鼻孔呼吸。然后，松开右鼻孔，用无名指和小指按住左鼻孔。请注意，你可以通过右鼻孔呼吸。保持嘴巴紧闭，做接下来的练习时只能通过鼻孔呼吸。如果你觉得鼻子被塞住时很难呼吸，那就请跳过第一部分的练习，直接进入第二部分——观想（visualization）。

第一部分：鼻孔交替呼吸术

先同时用两个鼻孔吸气，再按住左鼻孔，只用右鼻孔呼气。然后，先用右鼻孔吸气，再按住右鼻孔，用左鼻孔呼气。接下来，用左鼻孔吸气，再按住左鼻孔，用右鼻孔呼气。用这种方法交替呼吸10轮，也就是呼吸20次。

做练习的时候，尽量让每次吸气和呼气的长度相等，但不要过于紧张，也不要强迫自己去做什么事。呼吸的时候要有耐心。在你感觉到舒服的前提下，让每次吸气和呼气尽可能地缓慢、稳定、顺畅。

结束最后一次呼气后，请把双手放在腿上，尽可能放松身体，同时用两个鼻孔呼吸几次。

第二部分：鼻孔交替呼吸观想

闭上双眼，想象用左右鼻孔交替呼吸，呼吸10次。在这个过程中，请把双手放在膝盖上，尽可能放松身体。想象先用右鼻孔吸气，再用左鼻孔呼气。然后，想象先用左鼻孔吸气，再用右鼻孔呼气。重复这个动作。哪怕你实际上只在用一个鼻孔呼吸，那也不用担心。你只需要想象气息流动的感觉。

然后，把注意力放在右侧身体上，想象用右鼻孔吸气和呼气，呼吸10次。当你这么做的时候，想象气息从整个右侧身体流入、流出。吸气的时候，想象气息流进你的右侧身体，你的右肩、右臂和右手，你的右臀、右腿和右脚。呼气的时候，想象气息从你的右侧身体流出来。想象用整个右侧身体呼吸的感觉。

现在，切换到左侧身体。在接下来的10次呼吸中，想象只用左鼻孔吸气和呼气。想象气息从整个右侧身体流入、流出。想象用整个左侧身体呼吸的感觉。

在接下来的10次呼吸中，轮流用左右两侧身体呼吸。第一次呼吸时，想象气息从整个右侧身体流入、流出。下一次呼吸时，想象气息从整个左侧身体流入、流出。轮流用身体的左右两侧呼吸，可以重复多次，但最多不超过10次。

最后，同时用两个鼻孔吸气、呼气，让气息流过你的全身，以此结束这个练习。感觉你的全身都在呼吸。请先想象一下用全身吸气，再想象一下用全身呼气。

全身呼吸术

想象用身体的不同部位吸气、呼气。让气息流过全身，包括那些紧张或疼痛的部位。

练习：

· 随时随地都可以练习。你只需要尽量放松，和自己的身体做朋友。

· 在疼痛突然袭来或感觉到压力的时候，寻找一种安全感、自控感和舒适感。

· 全套练习需要5~10分钟。

全身呼吸术是一种观想练习，改编自传统的瑜伽睡眠术（nidra）和乔恩·卡巴特（Jon Kabat-Zinn）传授的身体扫描术。身体扫描术是一种针对慢性疼痛患者的正念减压术。

如下图所示，开始练习的时候，你可以找一个让自己舒服、放松的姿势。本书的第六章还提供了另外一种放松的姿势。

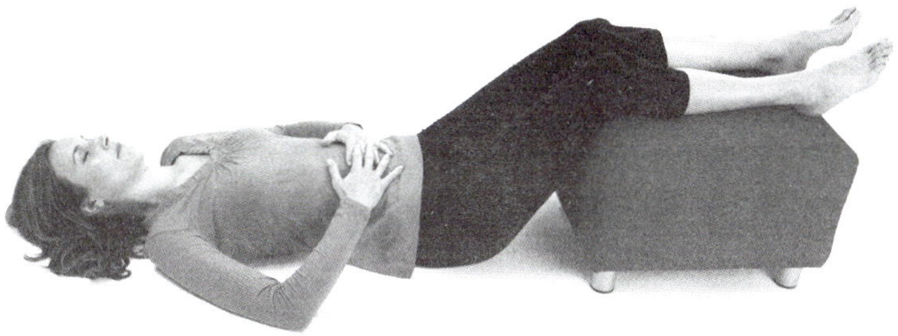

请把手放在腹部，感觉呼吸时腹部的运动。请注意你腹部的起伏，关注气息是怎样进出身体的。

在这个练习过程中，你可以想象用身体的不同部位吸气和呼气，就像你的鼻孔被转移到了那个部位一样。

先从你的脚底开始。想象你可以用脚底呼吸。想象气息从脚底进入你的身体，再从脚底离开你的身体。请注意你脚底的感觉，想象用脚呼吸的感觉。感觉或想象一下你呼吸时能量怎样在脚底流动。

然后，对身体的其他部位重复这个观想练习。先是小腿、膝盖和大腿，再是臀部、腰部、背部，接下来是腹部和胸部，然后是肩膀、上臂、肘部、前臂、手掌，最后是脖子、额头和头顶。

当你的注意力移到紧张、不舒服或疼痛的部位时，请不要跳过这些部位。你可以试着做下面这几件事，让自己觉得舒服一些。

首先，保持观想，想象用你觉得不适或疼痛的部位呼吸。想象呼吸消融了肌肉的紧张，按摩着疼痛的部位。想象原来的紧张或疼痛渐渐被软化了。

其次，试着在不舒服的部位和舒服的部位之间来回转移注意力。先想象用疼痛的部位呼吸几次；然后想象用不疼的部位呼吸几次。这样来回切换几次，告诉大脑不要先处理不适的感觉。通过这个练习，你将学会有意识地转移注意力，同时保持对身体的感知。这是一种有利于健康的“分心术”。

完成对全身的观想后，请关注气息从鼻子、嘴巴和喉咙进入身体的感觉。想象整个身体都在接收气息，感觉整个身体都在呼吸。想象用整个身体呼吸的感觉，想象你吸气的时候全身都在轻轻扩张，你呼气的时候全身都在轻轻收缩。感觉或想象一下你呼吸时能量是怎样流经全身的。

安的故事：摆脱失眠的困扰

安和许多饱受慢性疼痛折磨的人一样有失眠问题。对她来说，床已不再是温暖的港湾。每次尝试入睡，都会给她带来新的痛苦和恐惧。

62岁的安刚刚退休，准备和丈夫共度幸福晚年。他们计划去旅游、去冒险，就像他们有孩子之前那样。然而，安发现自己的身体不堪重负，这让她十分沮丧。肌肉和关节疼痛已经成为她日常生活的一部分。而且，每到晚上，症状还会变得更糟糕。安自己的说法是：这些症状很“吵”。

安爬进被窝，闭上双眼，然后就会发现身上到处都疼。准备入睡的时候，由于没有其他感官刺激来分散精力，痛觉会占据她全部的注意力。安发现，自己不仅很恐惧疼痛，还感到既愤怒又悲伤。她会一直想，随着年纪慢慢变大，自己的社交圈子会变得越来越小，生活也会变得越来越不舒服。这种想法会让她始终保持清醒，难以入睡。

疼痛和焦虑导致了失眠。如果头天晚上睡不好觉，到了第二天白天，安又会担心自己今晚能不能睡好觉。她想到了自己第二天会有多疲倦，所以把一切活动和邀请都推掉了。

安的身心学会了把上床睡觉和应激反应联系在一起。准备入睡的时候，她的思维会变得很警惕，会预测疼痛和焦虑。躺在床上的时候，她的心率会加快，肌肉会绷紧。这种应激反应导致了疼痛和失眠。

安需要做的事就是重塑身心，重新把床视为安全的港湾。她也需要一些工具，用来消除应激反应，保持注意力集中。因此，安会在白天尝试几种不同的呼吸术、放松术和冥想术。最重要的是，她先要熟悉这些技巧，适应这些技巧，然后才能用它们来治疗失眠。否则，她的身心就很难学会这些技巧，甚至会把失眠问题和这些技巧联系在一起。

安发现，要缓解头脑的紧张，让身体放松下来，最有用的技巧就是呼吸观想术。她发现观想能完全占据自己的头脑。通过“平衡呼吸术”和“全身呼吸术”增加自信之后，安就可以在上床睡觉前运用这些技巧了。第二天，安发现自己更容易入睡了，醒着的时候也更清醒了。这让她非常开心。

从此，安养成了一个习惯，每天晚上睡觉前要坐在椅子上温和地呼吸5分钟，为接下来的呼吸观想做好准备。躺在床上等待入睡时，她会用观想来集中精神、放松身体。这套“例行公事”帮助安摆脱了“疼痛—压力—失眠”的恶性循环。尽管疼痛和痛苦并没有消失，但它们再也不会害得安晚上睡不好觉了。随着睡眠质量的提高，她在白天的精力也更充沛了。安最担心的是疼痛会影响自己的生活，因此，这个结果成功提升了她的自控感，强化了她对未来的乐观态度。

如果你也像安一样有失眠的困扰，不妨试一试呼吸术、放松术和冥想术，让身心更有安全感，使自己更容易入睡。请先在卧室外面练习这些技巧，当你对某种特定的放松技巧有了信心后，再把它纳入睡前的“例行公事”。

把上述练习结合起来

我的建议是，你在学习本书介绍的瑜伽术时，不妨用最适合自己的方法把它们结合起来。这本书接下来的章节里，每章末尾都会教你把不同的练习方法结合起来，以便最大限度地发挥它们的疗效。现在，请花一点时间回想一下本章提到的练习方法。对你来说，哪种练习方法最有效？对于你觉得可能有效的方法，你有没有逐一尝试过？请至少尝试一种方法，看看它是如何缓解你的疼痛的。

第四章

与身体为友

你的身体是否经常给你带来疼痛和痛苦，你想要“逃离这具身体”，你甚至会觉得“真实的你”已经和身体割裂开了——“真实的你”想要享受生活，身体却阻止你这么做。很多慢性疼痛患者都把自己的身体视为监狱，幻想着逃离这座监狱。

如果你有这样的感觉，那么，最重要的一点就是，你需要与自己的身体做朋友，与自己的疼痛做朋友。本章中介绍的冥想和反思练习将帮助你做到这一点。

凯特是一位27岁的小学老师。在过去一年多的时间里，她一直饱受原因不明的疼痛的折磨。最近，她刚刚被诊断出患有纤维肌痛。她努力维持正常的生活、工作和人际关系，但随着疼痛愈演愈烈，她已经很难正常地度过每一天了。每到晚上，她虽然早已筋疲力尽，但还是无法入睡。她忍不住会想：我的身体似乎已经抛弃我了。我是不是得放弃教学工作？我每天都没有精神走出大门，有好多天根本没法和别人联系，照这个样子下去，我还有没有可能获得一段持久的恋情？当疼痛非常剧烈、情绪异常低落的时候，凯特简直想抛弃这具身体。如果情况变得越来越糟糕，她都不知道自己还能不能在这具身体里活下去。

这个说法是不是听起来有点儿熟悉？当然，想抛弃自己的身体是不合逻辑的。但有些时候，你是不是也有同样的想法？

如果身体经常给你带来疼痛和痛苦，你自然想要“逃离这具身体”。当身体看上去不太可靠的时候，你自然会觉得身体抛弃或者出卖了自己。你甚至会觉得“真实的你”已经和身体割裂开了——“真实的你”想要享受生活，身体却阻止你这么做。你或许会对身体的某个部位失去认同感。这就好像说，“真实的你”处于一个阵营，持续影响你正常生活的背疼、膝盖疼和头疼则处于另一个阵营。

很多慢性疼痛患者都把自己的身体视为监狱，幻想着逃离这座监狱。在疼痛难忍的时候，你可能会像凯特一样，希望抛下自己的身体。有些慢性疼痛患者陷入了与身体的争斗，甚至想过要结束自己的生命。他们无法承受身体带来的痛苦，无法在身体里找到归宿感。

如果你也有这样的感觉，那么，最重要的一点就是：你需要与自己的身体做朋友，与自己的疼痛做朋友。本章中介绍的冥想和反思练习将帮助你做到这一点。

你和自己身体的关系怎么样？

你会怎么形容一个敌人？你可能会说，待在他周围让你感到不舒服。当你被迫和他待在一起的时候，你希望自己能尽量远离他。光是想到这个人，想到他对你做过些什么，你就会感到愤怒。光是想到他如何辜负了你的信任，你就会感到震惊和难过。你不想和他打交道，也不想听他说话。如果你一直关注他，那只是因为你在防范、警惕他，在观察他有没有要伤害你的迹象。你会把他所做、所说的一切都看作“这个人不值得信任，这个人会继续伤害我”的证据。

你和自己身体的关系符合上面的描述吗？发现你竟然和自己的身体成了敌人，这件事的确会让人感到震惊。然而，大多数慢性疼痛患者都有这样的感觉，至少是在某些时候会有这样的感觉。如果你也有这种感觉，那你只是很多人中的一个。

你该怎么办呢？想想你会怎么描述一位知心好友。首先，待在她身边你会觉得舒服，会有种回家的感觉，能完完全全做回自己。光是待在她身边，你的心情就会好起来。当你度过了糟糕的一天或感到焦虑时，你会觉得需要和她取得联系。你可以完全依赖她。你深知，当你需要她的时候，她总会在那儿等你。你很在乎她是否过得幸福。你也深知，当她需要你的时候，你也会在那儿等她。你觉得帮助她是一种享受。当她出现问题的时候，你愿意耐心倾听，会想办法让她开心。她情绪低落的时候，你会鼓励她。即使她有些时候做得不太好，你也能看到她最好的一面。你会感激她出现在你的生活里。你简直不能想象没有她的生活。

这听起来像是你对自己身体的感觉吗？还是说，这听起来一点儿也不像你和自己身体的关系？你觉得这种描述可笑吗？你是不是无法想象竟然有人对自己的身体有这种感觉？

这一点儿也不可笑，这种感觉是有可能出现的。如果你正在读这本书，那么至少有一部分的你关心自己的身体，想要照顾自己的身体。花一点儿时间来感谢这部分的你，然后继续读下去。

为什么愤怒会引起疼痛

愤怒、悲伤、失望、受挫都是慢性疼痛带来的自然反应。但是，“自然”

并不意味着“有益”。负面情绪（包括愤怒）是和疼痛系统紧密相连的。对很多人来说，负面情绪会引起疼痛，或加重现有的疼痛。像对待敌人一样对待你的身体，只会加强与疼痛有关的“业障”。这包括压力和恐惧，也包括警惕疼痛爆发的每个迹象，以及把每种新疼痛都视为灾难。愤怒会影响你照顾自己的身体，使你无法找回喜悦。

接受你身体本来的样子，会促进身心的愈合。从长期来看，这么做也会让你在面对当下的疼痛时感觉好一些。摆脱疼痛并不意味着你得抗拒自己的身体。无论你是觉得身体背叛了自己，还是试图抗拒身体的存在，你都无法摆脱和身体的联系。哪怕是最先进的现代医学研究成果，也无法用一具新身体取代你的旧身体。

或许在未来的某个时候，你的疼痛会减轻，但无论如何，你在这辈子是没法更换身体了。如果你想减轻痛苦，你就不能等疼痛消失后再和自己的身体做朋友。

“与身体为友”是练习瑜伽的基础

这本书里提到的所有瑜伽练习，都是为了帮助你重新把身体视为温馨的避风港。哪怕你现在正在忍受疼痛的折磨，用自我怜悯的态度练习瑜伽，也能帮助你在身体中找到归宿感。

我建议你先打好“与身体做朋友”的基础，然后再开始本章介绍的瑜伽练习。特别是如果你有疼痛史的话，你就得先对身体友善，再练习瑜伽。即使是做最温和的瑜伽练习，你也会碰到身体的局限，体验到强烈的感觉。只有怜悯自己的身体，你才能巧妙地应对挑战。你需要学会用勇气和自我关怀来活动身体。你也不想因为害怕受伤就不练习可能有疗效的动作吧？但也别因为太想消除背疼就勉强自己做不舒服的动作。

比如，你需要弄清真正的危险感和普通的拉伸感有何不同。前者会让你知道，你不应该再拉伸身体了；后者则会让你知道，你的身体正在发生某种变化。如果你因为自身的局限而焦虑或愤怒，你就没有办法好好练瑜伽。如果你事先没有打下“与身体做朋友”的基础，你就可能因身体的局限而沮丧，错过可能有疗效的动作。如果你一直忽略自己身体的感觉，你就可能拼命去做让自己不舒服的动作，使疼痛加剧。

如果你和自己的身体争斗不休，你就很难好好练瑜伽。只有和身体做朋友，时刻怜悯它、支持它、感激它，你才能有时间和精力练瑜伽。“与身体为友”将引导你打造出一套最适合自己的瑜伽练习方法。

“与身体为友”的具体做法

下面的练习将引导你有意识地怜悯、感激、接受自己的身体，同时引导你关注下面的问题：你在日常生活中是如何思考、谈论、倾听、对待自己的身体的？

你或许很久都没有关注过自己对身体的感觉和想法了。下面的练习会让你重新关注它们。如果你对自己的身体还有一些感觉，那么，你不需要也不应该试着把它们拒之门外。开始练习的时候，如果你同时感觉到了感激和悲伤、怜悯和无奈、宽恕和愤怒，请允许自己有这些感觉。当消极的想法和情绪涌上来时，你只需要注意到它们的存在，然后继续有意识地迎接感激和怜悯的感觉。

这种策略不仅在冥想的时候很有用，在你对身体感到愤怒、沮丧、痛苦、悲伤的时候也很有用。随着时间的推移，你会越来越容易进入“与身体为友”的状态。这种状态会进入你的潜意识，成为你身体本能的一部分。

练　习

做完下面的练习后，你可以花一点时间安静地反思一下，或者把你的想法写下来。让你的身体尽可能保持舒服的姿势。你可以面朝天躺在地上，膝下垫个枕头，把灯光调暗，闭上双眼，也可以坐在有靠背的扶手椅上，手里拿上一支笔、一本杂志。

感激自己的身体

感激和赞赏身体不同的部位。

练习：

- 你随时随地都可以做这个练习，修复自己和身体的关系。
- 当你因为疼痛或疾病对身体感到失望，或者批评自己的身体时，请有意识地选择和身体做朋友。

· 从医院看病回来后，请提醒自己，症状和诊断并不代表你身体的全部。

一次完整的练习需要5~10分钟，但你随时可以练习其中的精髓——提醒自己为什么要感激自己的身体。

你最后一次觉得应该感激自己的身体是什么时候？

对于许多慢性疼痛患者来说，“感激身体”这个说法听起来很令人费解，甚至有点儿可笑。感激身体，具体应该感激什么呢？

你可以从接受一个简单的事实开始，那就是，身体是你人生旅途上的伴侣。身体承载着你一路走到了现在，让你体会到了大千世界的精彩，为此，它应该得到你的认可和赞赏。

这个练习会帮助你意识到，身体是如何支持你的。身体与你的勇气、力量和生活历程都密不可分。它是你的同伴、你的家庭和你生活的必需品。你认为自己应该感激的生活经历，就可以用来修复你和身体的关系。

开始这个练习的时候，请保持一个能得到支撑的姿势，坐着或躺着都可以。当你熟悉了第六章介绍的养生瑜伽姿势后，也可以从中选择一种来做“感激身体”的练习。

花一点儿时间关注你全身的感觉，包括不适感或疼痛感。你可以关注这些感觉，但不要让它们占据你的全部注意力。然后，请把注意力放在你觉得舒服、轻松的地方。那个地方可能是你的眼皮，你的小拇指，你的脚底，也可能是你呼吸时上下起伏的腹部。觉得舒服、轻松的地方在哪里并不重要。当你发现这种感觉的时候，让意识在那里停留几分钟。请注意那些部位的感觉。

然后，一个接一个地感谢和赞赏你身体的不同部位。请问问自己：“在生活中，这个部位是怎样支持我的？它是如何让我过上正常生活的？”从你此刻觉得舒服的部位开始，慢慢移动到你觉得疼痛的部位。你可以感谢和赞赏的部位包括（但不限于）：

- 双脚
- 双腿
- 腹部
- 背部
- 胸部
- 心脏
- 肺
- 肩膀
- 手臂
- 双手
- 喉咙
- 面部
- 感觉器官，如口、鼻、眼、耳等

你的答案可以是字面意义上的，也可以是象征意义上的。比如，从字面意义上看，心脏为你的全身提供能量，把氧气送往体内的每个细胞。从这个意义上说，心脏支持你的每个动作。你应该感谢自己的心脏，因为它让你体验了生活的每一刻。从象征意义上看，心因喜悦而歌唱，因爱而扩张，因兴奋而跳动。你应该感谢自己的心，因为它让你体验到了这些情感。从字面意义上看，腿脚帮助你站立和行走。从象征意义上看，腿脚帮助你坚定了信念，在生活的漫漫征途上跋涉。

请深信你联想到的东西，即使它们听起来有点儿愚蠢，或是非常情绪化。如果你暂时没有想到任何东西，那就把注意力放在“今天”。你身体的这个部位今天做了什么事？它帮助你准备餐点和享用美食了吗？它帮助你翻开这本书的封面了吗？它帮助你露出微笑、亲吻爱人了吗？即使今天完全是一团糟，你也没有做多少事情，但起码你还活着。你的肺部、心脏和其他部位支持你活到了今天。你的身体正在努力支持着你，为你提供体验这一刻的机会。为此，你应该感激它！

有时候，这种冥想不仅会带来感激，也会带来悲伤。特别是当你想到自己的身体已经无法轻松做到一些事的时候，你可能感到淡淡的悲伤，也可能批评身体的某些部位。让这些情绪和想法自然而然地涌现，再自然而然地消失。不要抓住它们不放，也不要抗拒它们。请注意它们的存在，因为它们都是“业障”的表现形式，正是它们塑造了你身体的感受。即使出现了负面情绪，你仍然可以继续做“感激身体”的练习。

让注意力回到呼吸上，以此来完成这个练习。把双手放在你呼吸时感觉到在运动的地方，对自己重复这句话：“我为呼吸而感谢你，为此时此刻感谢你。”

反思

你在练习过程中注意到了什么？有什么东西是特别值得你感激的？你有没有觉得对身体的某个部位很难想出值得你感激的理由？现在你感觉如何？花几分钟的时间，把你在练习过程中想到的东西写下来。如果你因为某件事特别要感谢自己的身体，也请把它写下来。

怜悯自己的冥想

祝愿自己健康、幸福、平静、摆脱痛苦。

练习：

· 你随时随地都可以做这个练习，修复自己和身体的关系。

· 当你因为疼痛或疾病对身体感到失望，或者批评自己的身体时，请有意识地选择和身体做朋友。

· 从医院看病回来后，请提醒自己，症状和诊断并不代表你身体的全部。

· 在做任何理疗、运动、锻炼或治疗之前，请提醒自己，你想要照顾自己和自己的身体。

一次完整的练习需要5~10分钟，但你随时可以练习其中的精髓——重复这个冥想练习中提到的词语。

在这个冥想练习中，你会重复一些怜悯身心的词语。你可以大声读出来，也可以在心里默默重复。

刚开始的时候，你可能觉得自己只是在简单重复一些词语，并没有“与身心为友”的感觉。你在重复这些词语的时候，甚至会感觉到内心的阻力。不要担心。即使你发现自己有了相反的想法或感受，这种冥想仍然会有疗效。你已经在心底种下了“与身心为友”的种子，重复这些词语就是在培育种子。随着时间的推移，你的身心将接受这些词语，“与身心为友”的花朵将慢慢绽放。

做这个练习的时候，请保持一个能得到支撑的姿势，坐着或躺着都可以。

你也可以采用第六章介绍的养生瑜伽姿势。

为了和自己的身体建立联系，请把双手放在某个你呼吸时感觉会运动的部位，比如腹部或胸部。这是一种自我怜悯的姿势，所以，如果你觉得舒服的话，也可以把手放在有疼痛史的部位上。

这个冥想练习分为三个阶段。首先，把身体当作你的知心好友，用上“你”这个字，说出下面的祝愿。你也可以向有疼痛史的部位说出下面的祝愿。

“愿你健康。”

“愿你幸福。”

“愿你摆脱痛苦。”

“愿你获得平静。”

如果你愿意的话，也可以把第一阶段的练习重复多次。在这个过程中，注意突然涌现出来的想法或情绪。然后，用上“我”这个字，向自己的身、心、灵说出同样的祝愿。请特别注意，这里的“我”既包括身体，也包括自我意识。

“愿我健康。”

“愿我幸福。”

“愿我摆脱痛苦。”

“愿我获得平静。”

如果你很难找到同情的感觉，那么，你也可以想象一个你很关心的人，或一只你很怜悯的动物。先对他/它说出美好的祝愿，再让那种感觉引导你进入“怜悯自我”的练习。

最后，通过重复下面的词语，让自己知道，你此时此刻能选择健康、幸福和平静。

“此时此刻，我是一个健康、圆满的人。”

“此时此刻，我选择幸福。”

“此时此刻，我选择摆脱痛苦。”

“此时此刻，我与自己的身心和谐相处。”

这些说法不是自我肯定（positive affirmations）或一厢情愿（wishful thinking），而是在怜悯自己的身、心、灵。瑜伽是一种教你远离痛苦的练习，能让你找回获得健康、智慧、喜悦的能力。无论你相不相信这些说法，都请对自己重复这些词语，提醒自己你已经选择了这条道路。

你可能会发现，大脑已经开始驳斥这些说法了。它在说，你还不够健康、不够圆满；只要你还在忍受疼痛的折磨，你就无法获得幸福、无法与身心和谐相处。你只需要关注这些想法和情绪，关注它们给你带来了什么感觉。

通过练习，你会发现，真挚地祝福自己、怜悯自己的身体，可以让自己获得内心的平和。每当这个时候，请细细品味你的感觉。让这种感觉给你的身心打下印记。你可以随时随地进入冥想，重新找回这种感觉。

反思

这种冥想给了你什么感觉？在冥想过程中，有什么样的情绪和想法浮现出来？怜悯自己的身体是什么感觉？现在你的身体有什么感觉？怜悯你的身体、疼痛和你自己，是一件很难做到的事还是一件自然而然的事？花一点儿时间，把你在练习过程中想到的东西写下来。

____

____

____

____

路易莎的故事：学会照顾自己

今年40岁的路易莎是一位法律助理，也是一位单亲妈妈。当谈到背疼给自己的日常生活（包括工作、照顾孩子、做家务）带来的麻烦时，路易莎表示，她不光憎恨自己的背疼，还憎恨自己的后背。路易莎一直都是个完美主义者，但背疼使她没法达到自己为工作和生活设定的高标准。

有时候，挫折感会让路易莎很想惩罚自己的身体。她想狠狠地敲打后背，把自己的脊椎给敲成两半。她希望用拳头把疼痛给敲走。尽管路易莎知道这么做一点儿也不理性，但她相信，愤怒会通过某种方式让自己的后背好起来。

尽管只要做一些温和的伸展运动就能放松后背，但在我和路易莎初次见面的时候，她根本没有耐心去学习伸展技巧。她想惩罚自己的后背，因为后背给她带来了痛苦。她甚至用一些可能对身体有帮助的瑜伽伸展技巧来惩罚自己。其实，“与身体为友”才是她最应该做的事。

我问路易莎，能不能考虑一下，利用她“照顾别人”的天性来照顾自己的后背。路易莎是一位极富同情心，也很有爱心的母亲，但不知为什么，她对自己的身体却没有丝毫的怜悯。路易莎决定克制一下背疼时自己的坏脾气，试着把后背看作一个需要照顾的孩子，无论它多么“不守规矩”，她都要耐心对待它。

于是，路易莎敞开心扉，开始学习冥想术，学习感激和怜悯自己的身体。她发现“感激身体的冥想”并不容易练，但她决定把这当作一个挑战。她给自己安排的任务是：每天晚上睡觉前，她要想出一件值得感激的新鲜事，写在挂在床头的清单上。刚开始的时候，她不太愿意重复与“怜悯自己的冥想”有关的词。但她告诉自己，如果这么做能阻止自己惩罚身体，那这么做就是值得的。

通过这种练习，路易莎渐渐地不再把自己的后背视为敌人了。觉得背疼的时候，她不再想惩罚自己的身体了。她学会了把背疼视为提醒自己照顾身体的信号。对后背的厌恶渐渐变成了“与后背为友”，这在她的愈合过程中发挥了积极作用。

到这个时候，路易莎就为进一步的学习做好了准备。她学了两套简单的15分钟瑜伽练习，这两套练习都对背部很有好处。第一套练习的重点是强化背部、活动脊椎（具体请见第五章，你也可以自学这些动作），第二套练习只包括一些简单的康复姿势（具体请见第六章）。每当感到痛苦和挫折的时候，这两套简单的瑜伽练习就成了她送给后背的礼物。

请想一想，你和自己的身体、自己的疼痛保持着什么样的关系？你有没有把身体的某个部位视为敌人？如果你能学会照顾自己，事情又会变成什么样子呢？

倾听自己的身体

练习：

· 你可以随时随地敞开心扉，接受自己的身体和内在智慧的指引。

· 当你因为疼痛、压力或疾病而感到不知所措或迷茫无依时，请回想一下你有意识地照顾自己的情况。

· 在做任何理疗、运动、锻炼或治疗之前，请提醒自己，你想要照顾自己和自己的身体。

一次完整的练习需要5~10分钟，但你随时可以练习其中的精髓——呼吸几次，让自己集中精神，然后问自己的身体："你有什么需要吗？"

疼痛不是身体里唯一重要的信号，但它肯定是最"吵闹"的信号。如果你正受到慢性疼痛的折磨，"倾听身体"可能是你最不想做的事。如果你认为"倾听身体"就是"把所有的注意力和精力都放在疼痛上"，那你肯定更不想这么做了。

这个练习并不要求你去这么做。倾听你的身体，就是让身体发出的信息对你说话。通常情况下，如果你有意识地忽视疼痛，这些信息往往会被掩盖或忽略掉。倾听你的身体，就是让内在智慧告诉你怎么照顾自己。

这种冥想能帮助你更好地照顾自己的身体。用开放的心态让你的内在智慧浮现出来。

开始冥想练习之前，先安静地休息几分钟。如果你正受到疼痛的折磨，你休息的时候可能觉得心神不宁，这没有关系。你只需尽可能地支撑自己的身体，把注意力放在此时此刻的感受上。无论你有的是疼痛感、饥渴感还是疲劳感，都请关注这种感觉。这是一个明显的态度转变：你已经从任由身体忍受每一次煎熬，变成愿意倾听自己身体的感受了。

然后，用"询问身体"开启这次冥想练习。请询问自己的身体："你有什么需要吗？"如果你觉得"我有什么需要吗"这个说法更自然，你也可以这么问。然后，从下面挑选一个或多个问题来询问自己的身体。

1. 哪些东西是你希望我多提供一点的？

____

____

2. 你不愿意做哪些事情？

____

____

3. 哪些做法对你有好处？

____

____

4. 哪些事情是你希望我少做一点的？

____

____

5. 你希望做哪些我不允许你做的事？

____

____

6. 我还有什么需要注意的吗？

____

____

在冥想过程中浮现出来的东西，可能会让你大吃一惊。请不要否定任何东西，保持开放的心态。过去被你忽略或否认的要求，现在终于可以浮出水面了。只有保持好奇心和怜悯心，对一切想法保持开放的心态，这些想法才会自然而然地浮现出来。

如果浮现出来的第一个想法与身体或健康没什么关系，那也不要担心。以饱受纤维肌痛折磨的年轻老师凯特为例，她第一次尝试这种冥想时突然意识到，自己身体需要的是听睡前故事。这是唯一引起她注意的想法。后来，她试着在疼痛最难忍的时候听朗读经典名著的CD，这竟然成了对她最有效的治疗方法！听睡前故事可不是医生想出来的疗法。这个简单的例子说明了冥想的作用。你是个与众不同的人，有自己独特的需求，当你在内心深处寻找指引的时候，你就会发现自己有很多事情可做。这种冥想将帮助你关注自己的健康，管理自己的生活。

史蒂夫的故事：学会倾听

史蒂夫现年54岁，是某大学体育系的系主任。多年以来，他一直饱受下颚疼痛和头痛的折磨。多年的疼痛让他学到了：想要过正常的生活，就要忽略身体的感觉。有时候，头痛起来非常要命，甚至会影响肢体活动。但只要不是全身动弹不得，他就会把疼痛视为背景噪声。他早就学会了忽略疼痛。

史蒂夫不仅学会了忽略疼痛，还学会了忽略身体发出的其他信号，比如要求吃东西的饥饿感，要求调整姿势的不适感，要求睡眠的昏沉感。他把这些感觉都视为干扰。

史蒂夫发现，即使不倾听身体的需求，自己也可以过得很不错。事实上，他渐渐把这种做法视为意志坚强的表现。他把身体视为敌人，认为身体只会影响他执行计划，干扰他实现目标。30年前，他曾是一位运动员。当时，他就是这样应对疼痛和伤病的。那个时候，这种做法对他来说很管用。

起初，分散注意力对史蒂夫来说很有用。但头痛渐渐变得越来越频繁，下颚疼痛也变得越来越持久，止痛药却似乎越来越没有效果了。一位同事建议他来听一听我在大学里开的缓解疼痛、减轻压力的课程。我正好在大学的体育馆里开课，他就顺便过来了。

史蒂夫不知道自己想要什么，也不知道这堂课有没有用。当时，他并不知道头痛和身体紧张、失眠、压力、愤怒都有关系。他没有注意到这些事，是因为他根本就没关注过这些事。史蒂夫需要做的第一件事，就是停止忽略越来越“吵闹”的疼痛信号，学会倾听自己的身体。

有一天，我在瑜伽练习的末尾加上了“你的身体需要什么”的冥想练习。史蒂夫后来告诉我，这对他来说是个真正的转折点。他第一次询问自己的身体需要什么的时候，什么事情都没有发生，没有任何想法浮现出来。他对此感到很不爽，并决定等下次头疼的时候再试一试。这一回，史蒂夫惊讶地发现，有一个词浮现了出来——呼吸。

他不知道这究竟意味着什么。毕竟，如果没呼吸的话，他早就死掉了。当然，“感知呼吸”是我们课上所教的一切的基础。从活动身体到放松大脑，都离不开感知自己的呼吸。史蒂夫过去一直忽视了这个指令，因为“感知呼吸”看上去似乎没有“关注练习效果”那么重要。

不过这一回，史蒂夫没有把它抛诸脑后，而是决定在每次头痛时试一试“呼吸”。每当疼痛出现时，他就会告诉自己“要呼吸”。然后，他就会开始关注自己是怎么呼吸的。他注意到，当来自工作和家庭的压力出现时，自己总会绷紧下巴、屏住呼吸。这个发现使史蒂夫开始主动练习课堂上传授的呼吸术，看它们能不能帮助自己消除痛苦。让他惊喜的是，这些呼吸术对于缓解他的下颚疼痛和头痛很有效果。不仅如此，当他觉得不堪重负的时候，这些呼吸术也能帮助他应对压力。

对史蒂夫来说，在冥想过程中听到“呼吸”这个词，标志着长久以来的身心挣扎终于结束了。从开始倾听身体关于“如何应对压力”“如何照顾自己”的建议的那一刻起，史蒂夫就发现，自己做什么事情都变得更有效率了。

下一回，当疼痛袭来的时候，请利用这个机会问自己一个简单的问题：“你有什么需要吗？”写下你脑海中浮现的任何东西，稍后再回过头来细看。请保持开放的心态，迎接内在智慧的火花。

反思：与你的疼痛为友

你能否做到，不只和你的身体做朋友，也和你的疼痛做朋友？这是不是意味着，你买这本书原本是希望摆脱某些东西，现在却要学着和这些东西做朋友？

研究显示，“接受疼痛”有助于缓解疼痛症状、提升幸福感、增强身体机能、减少疼痛对日常生活的影响。尽管这听起来有点儿不真实，但这是个事实。“接受疼痛”并不意味着要为能感受到疼痛而开心，也不意味着要把自己视为“受疼痛折磨的可怜人”，而是意味着，你愿意把疼痛视为生活的一部分，即使疼痛仍然存在，你也愿意继续生活下去。

有很多方法可以让你用“接受”代替原来的愤怒、沮丧和抑郁。首先，你可以考虑一下“与疼痛为友”的两种勇敢的做法：第一种，宽恕你的疼痛；第二种，拜疼痛为师。

面对疼痛，少一点儿愤怒，多一点儿理解

疼痛是一种自我保护的冲动。慢性疼痛通常是身心受到误导后试图保护自己远离未知的痛苦的反应。尽管这听起来似乎有点儿奇怪，但事实就是这样的。如果你能认识到慢性疼痛其实是一种自我保护的本能，你就能在面对疼痛时少一点儿愤怒，多一点儿理解。

你可以利用下面的提示，想一想自己的疼痛，或写下自己的感受。开始练习之前，请先花几分钟时间感知呼吸或做个放松练习，这有利于你集中精神。向自己提出这些问题时，请接受自己每个奇怪的想法。

1. 如果失去了疼痛感，你身上可能发生什么事？你为什么需要疼痛感？

____

____

2. 慢性疼痛想要保护你远离什么东西？疼痛曾经保护你远离过什么东西？

____

____

3. 什么事让你觉得有安全感？什么事让你觉得没有安全感？做这些事对你的疼痛感有什么影响？

____

____

4. 疼痛促使你去做什么事，又促使你不去做什么事？什么事是需要你强迫自己去做的？什么事是需要你强迫自己不去做的？

____

____

5. 你疼痛时最害怕什么东西？疼痛让你害怕过什么你其实不用怕的东西？

____

____

思考过上面的问题后，请告诉自己，无论疼痛给你带来过什么样的影响，你都已经准备好摆脱不必要的痛苦了。请祝福自己："愿我摆脱这种身体疼痛，愿我摆脱这种精神痛苦。"

疼痛也可以成为你的老师

生活中的万事万物，包括疼痛在内，都可以成为你的老师。瑜伽的唱诵经文"guru devo maheshvara"就说明了这一点。这句话可以翻译成"疾病、事故、创伤和不幸，都拥有带领我们从黑暗走向光明的力量"。

这句经文展示的是一种理想的生活态度。这种生活态度就是：为了更好地理解自己和整个世界，请邀请疼痛进入你的生活。

每个人都会感到疼痛，所以，你不用刻意邀请疼痛进入你的生活。每当疼痛袭来时，它都会把你拖进身心最黑暗的角落。但你也可以做出有意识的选择，让疼痛引导你获得更多的洞察。人类拥有一种非同一般的能力，那就是能选择自己过去的经历有什么意义。

有一种观点认为，"疼痛可以成为你的老师，带你从黑暗走向光明"。这句话只是在提醒人们，你过去的经历能让你变得更睿智、更坚强。疼痛可以一针见血地告诉你，你生命里最重要的东西是什么。它会迫使你采取行动，划定自己的生活轨迹。疼痛会让你发现自己有多么强大。它会像闪电一样，照出你的恐惧，点亮你的希望。疼痛可以给你耐心和勇气，教你如何照顾自己。它可以唤醒你对自己和他人的怜悯之情。

你可以拜过去或此刻的疼痛为师。即使你很想马上摆脱疼痛这位老师，你也可以从它那里学到不少东西。拜疼痛为师，并不意味着你要一直痛苦下去，而是意味着你可以充分利用过去的经历（包括疼痛）教给你的东西，学会消除不必要的痛苦。如果你想拜疼痛为师，请先想一想下面的问题。

1. 慢性疼痛如何影响了你对生活的看法？经历过疼痛后，哪些事情在你看来没有以前重要了？哪些事情在你看来比以前更重要了？

2. 在与疼痛共处和治疗的过程中，你对自己有了哪些新的了解？

3. 什么东西能帮你熬过剧痛？你对健康和幸福有了哪些新的理解？

4. 对疼痛的思考如何减轻你的痛苦？哪些对疼痛的思考会加剧你的痛苦？哪些对疼痛的思考能帮你理解自己过去的经历？

5. 你从自己的慢性疼痛中感受到了些什么，其中哪些是你不想再去回想的？

思考过上面的问题后，请告诉自己，无论疼痛给你带来过什么样的影响，你都已经准备好摆脱不必要的痛苦了。请祝福自己："愿我摆脱这种身体疼痛，愿我摆脱这种精神痛苦。"

贾森的故事：背疼和脖子疼传递的信息

31岁的贾森是一位科学家。慢性背疼和脖子疼已经时断时续地折磨他近两年时间了。贾森对这种疼痛的描述是"持续的剧烈背疼，尤其是右侧肩胛骨附近剧痛，加上脖子上方和腰部的周期性抽搐疼痛"。

贾森发现，疼痛比较轻微的时候，通过运动或睡眠就可以得到暂时的缓解。但当疼痛比较剧烈的时候，他的全部注意力都会被疼痛占据，他根本无法集中精力思考。

疼痛也会引起情绪的波动。贾森说："身体如此不堪重负，让我觉得很失望。我一直相信身体能够迅速愈合，然而，疼痛一直挥之不去让我感到很沮丧。当我意识到这种疼痛可能永远也无法消除的时候，我简直伤心极了。"

情绪波动反过来又加剧了贾森的痛苦。所以，我们决定先解决这个问题。我们谈到了"拜疼痛为师"这个点子。我们也谈到了，即使疼痛永远也无法彻底消除，"拜疼痛为师"也有利于与疼痛和谐相处。我让贾森想一想这个问题："疼痛想要保护你远离什么东西？"他立刻回答说："拼命工作。"他意识到，疼痛似乎和他的工作量是成正比的。"有时候，我会完全失去时间观念，会连续工作14到16个小时。如果连续两三天这么拼命工作，我就会觉得背疼、脖子疼。"

我们都对这个答案感到惊讶。贾森原本的目标是缓解疼痛，让疼痛不要干扰自己的工作。最开始，他认为疼痛是坐姿不对或电脑辐射引起的。他努力让工作环境变得更“舒适”，却没有达到效果。这个时候，他才想到了练习瑜伽。

经过一番思考后，贾森表示：“疼痛是在提醒我注意自己的身体。它是在提醒我多享受生活，别一直拼命工作。疼痛最剧烈的时候，我只能坐着不动。显然，它就是想让我停下手头的工作。”

我问贾森，他是不是一直无法在工作和生活之间找到平衡点。他说，是这样的。在受疼痛困扰的这段时间里，他一直在超负荷工作。我又问贾森，这个发现，特别是疼痛没有迅速消失这个事实，是否改变了他对疼痛的看法。他想了想，然后表示：“如果疼痛是在提醒我需要在生活和工作之间找到平衡，那么，它永远也不会彻底消失或许还是一件好事呢。至少，当我需要提醒的时候，疼痛并不是什么坏事。”

现在，贾森已经把疼痛想要传递的信息铭记在心了。这条信息就是：坐下来休息一下，好好享受生活，别一直拼命工作。接下来，贾森决定开始正式的冥想练习了。他每天早上起来做的第一件事就是练习冥想。他想通过这个方法来证明，疼痛确实和生活与工作的不平衡有关。到目前为止，冥想练习一直很有效。现在，贾森的疼痛已经缓解了不少，出现得也不那么频繁了。他还挤出了更多的时间做志愿者和听音乐。过去，他会对花时间参加这些“娱乐活动”感到内疚，现在，他则把这些活动统统看成是“镇痛疗程”。

贾森的疼痛完全是过度工作导致的吗？考虑到有许多身体、情感、社会因素都会引起疼痛，这种解释似乎过于简单了。但即使工作只是引起疼痛的原因之一，关注这个因素也确实让贾森对疼痛有了新的认识。

不要把疼痛视为敌人，而要把它当作老师，从中汲取经验。你会发现，“拜疼痛为师”有着令人难以置信的疗效。它会帮助你为看似毫无意义的事情找出意义，让内在智慧帮你找出自己尚未意识到的经验教训。

保持“与身体为友，与疼痛为友”的心态继续前进

这一章介绍的练习和反思已经为你做好了准备。你可以开始设计适合自己的个性瑜伽练习了。当你尝试呼吸、动作、放松、冥想练习的时候，请记住，每种练习都是自己送给身心的礼物。让“倾听身体”引导你选择对自己最有帮助的练习方式，让“摆脱痛苦”的渴望坚定你继续练习的决心，让瑜伽练习成为你日常生活的一部分。

把上述练习结合起来

在这一章的前几节，你已经学会了呼吸练习和“与身体为友”的练习，现在，你可以把自己最喜欢的两种练习方式结合起来，形成一套简单的康复练习。这套练习可以成为你日常生活中的“例行公事”。下面，我会告诉你怎样把第三章和本章里提到的一些练习结合起来。

- 把“喜悦呼吸术”（第46页）和“怜悯自己的冥想”（第68页）结合起来。
- 把“感激自己的身体”（第64页）和“全身呼吸术”（第53页）结合起来。

- 先练习“感知自己的呼吸”（第30页），再练习“倾听自己的身体”（第72页）。

- 疼痛袭来的时候，请试着花一两分钟练习“放松呼吸术”（第47页），然后进入冥想练习，对自己重复下面的话：“愿我摆脱这种身体疼痛，愿我摆脱这种精神痛苦。”

第五章

瑜伽练习——让你的身体重获自然愈合的能力

瑜伽中的运动不但可以缓解疼痛、改善身体机能，还可以让患者减少对止痛药物的依赖。瑜伽对慢性腰痛、关节炎、偏头痛和腕管综合征都有一定的疗效。

疼痛会引起肌肉紧张、关节僵硬，使身体的运动变得非常困难。慢性疼痛患者会觉得身体像是被定住了，不仅很难移动，而且还使不上劲儿。

疼痛袭来时身体难以移动，这其实是一种自我保护的本能。许多慢性疼痛患者都因为害怕伤到自己而避免运动。然而，从长远来看，避免运动通常会导致疼痛加剧。实际上，缓慢温和的运动不但有利于缓解疼痛，还能防止身体机能退化。研究表明，瑜伽中的运动不但可以缓解疼痛、改善身体机能，还可以让患者减少对止痛药物的依赖。瑜伽对慢性腰痛、关节炎、偏头痛和腕管综合征都有一定的疗效。

瑜伽对饱受疼痛折磨的人们很有帮助。你可以按照自己的步调，选你觉得最有效的动作，花你觉得最合适的时间，学习怎样让身体变得更舒服。你不需要强迫自己做任何事，也不需要和别人竞争，就能从瑜伽中获益。瑜伽的本质，就是释放流经身体的能量，让你在自己的身体里找回归属感。

瑜伽练习分为两种，都能让你的身体重获自然愈合的能力。第一种练习是让身体保持各种姿势，也就是所谓的“体位法”（asanas）；第二种练习是配合呼吸从一个姿势变成另一个姿势，也就是所谓的“连贯法”（vinyasa）。这一章将教你做这两种练习，用动作和姿势来缓解慢性疼痛。

这一章介绍的瑜伽练习将帮你做到：

- 放松身体，缓解紧张，消除压力
- 改善情绪
- 促进神经系统释放抑制疼痛的化学物质
- 重新获得日常活动所需的能量
- 学会理解身体发出的信号，学会好好照顾自己

只要你经常练习，本章介绍的瑜伽术就能帮你摆脱慢性疼痛，找回运动的快感。

开始瑜伽——先活动身体

配合呼吸活动身体的“连贯法”（vinyasa）是瑜伽练习的基础。用一个简单的例子就可以说明“连贯法”是什么——吸气的时候把双手举过头顶，呼气的时候把手放下来。你现在就可以把书合上，试着做一做这个动作——吸气的时候抬起双臂，呼气的时候放下双臂。

瑜伽的终极目的是实现身、心、灵的融合，关键是让运动和呼吸达到和谐统一。呼吸必须和肢体运动完美配合。你必须在吸气的同时缓缓抬起手臂，而

不是吸气时保持手臂举起的姿势。只要你还在把手臂往上抬，你就得保持吸气的动作。没有一秒钟是你的手臂在动而呼吸停止的，也没有一秒钟是你在呼吸而手臂不动的。换句话说，活动身体和让气息进出身体，这两个动作是紧密相连的。

请把这一点牢牢记在心里，再试一试抬起、放下手臂。在整个吸气和呼气的过程中，充分舒展你的双臂。为了让呼吸和动作配合起来，你或许得适当放慢呼吸，或适当放慢手臂的动作。

这一回，你有没有不一样的感觉？用这个动作是不是更容易进入冥想状态了？你是不是对自己的呼吸或身体有了更多的了解？当你学会让运动和呼吸同步之后，即使是用最简单的动作，也能进行最有疗效的冥想。

“体位法”（asanas），即保持某些姿势不动，是大多数人听到“瑜伽”这个词时想到的东西，也就是在一段时间内把身体扭曲成不寻常的状态。释放流经身体的能量时竟然需要保持静止不动，这听起来似乎有点儿奇怪。不过，保持静止不动确实能让你观察到此时此刻体内流动的能量。在做瑜伽的过程中，你不需要跑来跑去、加快心率，就可以聚集能量。瑜伽修行者认为，人们的体内原本就有能量在流动，能量会随着呼吸流经身体。保持静止的姿势有助于你感觉到这些能量。

每个姿势都是对心智的一次锻炼。练习瑜伽的时候，你的目标不是把身体伸展得更开，也不是把每个姿势保持得更久。你的目标是，即使在做很难受的动作或保持高难度的姿势时，也要保持平和的心态。学习用平和的心态做每个瑜伽动作，就是学习用耐心和勇气去迎接生活中的每个挑战。

如果你想更轻松地做瑜伽动作，或是更轻松地迎接生活挑战，最好的方法就是像第三章介绍的那样，把注意力放在呼吸上。感知自己的呼吸，会让内心平静下来，也会让你更好地理解某个姿势对身体有什么影响。因此，就“连贯法”和“体位法”来看，“呼吸”也是让瑜伽练习发挥疗效的关键因素。接下来，当你学到放松练习和冥想练习时，你还会再次看到呼吸的神奇功效。每当学习新的瑜伽练习方式时，请关注呼吸在其中发挥的作用。持续把注意力放在呼吸上，将让瑜伽练习发挥最好的疗效，源源不断地为你注入生命力。

某些疾病的患者是否不适合练瑜伽

实践证明，瑜伽对心脏病、癌症、糖尿病、艾滋病等疾病都有疗效。瑜伽也被用于一些手术后的康复，如髋关节置换手术、膝关节镜手术和脊柱手术。

然而，这并不意味着每个瑜伽动作对患有每种疾病的人都是安全的。重大的关节手术可能会限制患者的运动范围，但这种限制因手术情况和患者体质而异。请询问医生或物理治疗师，你的症状不允许你做什么样的动作。如果你有高血压或压力导致的眼病（如青光眼），请询问医生，做头部低于心脏的动作（如站立前屈式）是否安全。如果你有骨质疏松症或脊椎受过伤，你在做剧烈的脊椎运动（如扭转或弯曲背部）时就要特别小心，不幸的是，目前还没有针对某些特殊症状的动作指南。但只要你愿意听取医生的建议，同时倾听自己身体的反馈，就能大大降低练瑜伽的风险。

请记住，动作只是康复瑜伽练习的一个组成部分。即使有的姿势不适合你，你仍然可以做很多其他的瑜伽练习，包括呼吸、放松和冥想练习。

五大准则：怎样让动作发挥疗效，同时不会对你造成伤害

许多慢性疼痛患者由于锻炼时受过伤，所以在尝试新的锻炼方式（包括瑜伽）时非常谨慎。很多人都认为，练习瑜伽需要非常灵活柔软的身体。这种错误认识使不少人与瑜伽擦肩而过。实际上，每种锻炼方式都可能造成伤害，也可能发挥疗效，这完全取决于你如何对待它。这一章里介绍的瑜伽动作是大多数人都能做到的。下面的指南将确保你做的瑜伽动作能缓解疼痛，而不是加剧痛苦。这些准则适用于所有的锻炼方式，它们能帮助你在积极锻炼的同时保证自身安全。

• 找到用力和放松的平衡 •

你可能接触过其他锻炼方式，试过用力做拉伸，把身体推到极限。这种做法很可能引发慢性疼痛，而不是缓解慢性疼痛。练瑜伽的时候，全力以赴肯定会对自己造成伤害。

你不需要用尽全力，也不需要把身体推到极限。你只需用上五六成的力气，保持呼吸顺畅，全身清爽利索，面带微笑地做动作或保持姿势。做某个动作或保持某个姿势需要多大的力气，你就用上多大的力气。在此期间，请不要给自己的身心施加压力。

如果你发现自己屏住了呼吸，或是正在使劲儿呼吸，你就是把自己逼得太狠了。如果你感觉自己在挣扎着保持一个姿势，而不是在享受这个姿势带来的感觉，那就请放松一下，停下来休息一会儿。然后，试着少用一点儿力气，更轻松、更自然地保持那个姿势。

少用一点儿力气，不仅能让身体在做动作时更安全，还能让动作发挥更多的疗效。用上五六成的力气做瑜伽，就足以舒舒服服地长时间保持一个姿势。这么做不仅能改变你身体的习惯，还能提升你的肢体力量、平衡能力和柔韧性。

集中注意力

瑜伽之所以有疗效，是因为它能把你的身心重新连接起来。练瑜伽的时候，身心缺一不可。集中注意力（mindfulness）就是把注意力放在你此时此刻做的事情上，关注你做这件事时的感觉。集中注意力能把某个动作或姿势的疗效充分释放出来。相反，心神不定（mentally disappearing）则会强化你的旧习惯，加剧你的疼痛和压力。

当你练习一个动作或姿势时，请把注意力放在自己正在做的事上，随时关注自己的感觉如何。请持续关注自己的呼吸、想法、感觉和情绪，用全身心去感受这个动作，去迎接它带来的疗效。

牢记这一点是很重要的，尤其是当你保持一个让身体有强烈感觉的姿势时，比如尽可能地拉伸某个部位，或用某块儿肌肉支撑整个身体。特别是，如果你有过一些应付疼痛的经验，你的身体会试图把疼痛感阻挡在外。疼痛感与体内发生积极改变的感觉，这两者之间的界限是很微妙的。当你保持一个瑜伽姿势时，这条界限会不断发生变化。如果你没有把注意力放在某个姿势带给你的感觉上，大脑就可能把一些安全、健康的感觉误读成疼痛感，进而引起应激反应，加剧紧张和疼痛。反过来，如果你忽略了真正的警告标志，你就可能伤到自己。不过，只要你始终关注自己的感觉，确保你没有强迫自己做任何动作，你就能放松身体，找回安全感，同时保护自己免受伤害。做每个动作的时候，都请照顾、体谅自己的身体。如果某个姿势让你觉得很痛苦，那就赶紧停下来，好好休息一下。

时刻关注练习结果

在传统的瑜伽哲学里，“因果业报”简单来说就是每个动作都会带来后果。所有的瑜伽姿势都是这样的，但每个姿势在不同的时候、对不同的人会造成不同的影响。为了让瑜伽练习发挥疗效，避免造成伤害，你需要拜“因果业报”为师。

练习瑜伽的时候，请注意每个动作或姿势对身体的影响。你觉得舒服吗？你需要使劲儿呼吸吗？你能轻松地呼吸吗？你的身体有没有新的感觉？如果有的话，那是痛苦的感觉，还是愉快的感觉？如果你调整了保持这个姿势的方法，你的感觉有变化吗？完成一个姿势后，你觉得疼痛是加剧了还是减轻了？这个姿势是增加了还是释放了你身体的紧张感？

拜“因果业报”为师，也意味着你得关注自己当天晚些时候的感觉如何，第二天的感觉如何。你觉得疼痛是加剧了还是减轻了？你觉得身体是更紧张了还是更放松了？你的精力如何？你的心情如何？你睡得怎么样？

只要你时刻关注练习的结果，你就能避开对自己毫无帮助的动作，学会设计一套最适合自己的练习。“因果业报”原则适用于生活的各个方面。它将帮助你更好地倾听身体，并用智慧去关爱自己。

发挥你的想象力

瑜伽的伟大创举之一，就是发现了“想象力”的威力。传统的瑜伽修行者认为，做一个动作之前先想象你在做动作，可以为身心做好准备，充分发挥这个动作的疗效。同样，你也可以运用这个原则，避免在做动作时受伤。

这或许听起来像是修行者的一厢情愿，但其实这种做法一点儿也不神秘。科学研究表明，想象做动作可以为身体做好准备，让身体更轻松、更舒适、更熟练地运动。当你想象做一个动作的时候，大脑的特定区域和特定的神经中枢就被激活了。这些区域和你真正做某个动作时被激活的区域完全一样。就连肌肉也会根据你的需要或紧绷，或放松。在全身放松的状态下想象做某个运动，还能避免实际运动可能引起的压力、紧张感和不适感，把会导致疼痛的动作想象成是毫无痛苦的。还可以训练你的大脑，让大脑觉得做这个动作并不痛苦。

在尝试做一个新动作前，请先阅读说明，认真看图片，想象自己在做这个动作。然后，请闭上双眼，想象自己优雅、轻松地做这个动作会有什么感觉。如果你发现某个动作或姿势让你觉得不舒服，你完全可以闭上双眼，配合呼吸，想象自己在毫无痛苦地做动作。即使你只在脑海里练习某些姿势，你也能踏上真正的身心治疗之旅。你还可以把瑜伽的观想技巧用在早晨起床、学骑自行车、做手术、公开演讲等活动上面。在放松身体、保持呼吸的状态下想象做某个动作，将让你更好地应对艰难的挑战。

坚持不懈，决不僵化

千万别把瑜伽练习弄得又复杂又费时，也别把瑜伽变成得强迫自己去做的事。瑜伽练习最好是每天都练一小会儿，而不是每周固定练一小时。如果你每天都能抽空练几次，那就更好了。千万不要觉得，每次练习都得做完本章介绍的全套动作，也不要觉得，你每天都得花很多时间用来练瑜伽。如果你有这些误解，那你就给自己设置了很多不必要的障碍。

最重要的是，请让瑜伽成为你日常生活的一部分，让身体养成一种有利于康复的好习惯。为了让这种好习惯生根发芽，你只需要随便找个5~10分钟，活动一下身体，做一下呼吸、伸展、放松的练习。请注意，这一章里介绍的动作顺序不是固定的、僵化的，你不需要按照我介绍的顺序来做动作，也不需要给全套动作设定完成时间。你可以选一到两个动作或姿势，组成最适合你的瑜伽练习。每一个姿势都可以配合你最喜欢的呼吸、冥想或放松练习，创造出只属于你的康复练习。关于如何创造出适合你的简单瑜伽练习套路，请参考本书第八章。

格雷格的故事：事半功倍的瑜伽练习

格雷格是一位四十刚出头的公司经理。他对运动的感觉可谓爱恨交织。他是个典型的“周末勇士”，周日不是在篮球场上挥汗如雨，就是在山间小道上健步如飞。每到周一早上，他总是累得起不了床。然后，他会花一周的时间恢复体力，而不是到健身房去锻炼身体。20多年来，他一直是这么做的，而这为他带来了持续的膝盖疼和背疼。尽管格雷格还是很爱运动，但他渐渐开始有点儿害怕周一了。他在周末能够如此活力四射，纯粹是靠好胜心和大量非处方止痛药物支撑的。

医生向格雷格推荐了瑜伽，建议他把瑜伽当作缓解膝盖疼和背疼的温和疗法。格雷格决定到当地的一家瑜伽培训班试一试，因为那家训练班打出广告说，自己教的是适合运动员的瑜伽。不过，那种瑜伽可不是格雷格期待的“温和的锻炼方法”。瑜伽房里的温度足有100华氏度（约为37.7摄氏度），课程完全是军训式的。格雷格遵循教练的指令，努力去完成每一个姿势。他注意到，其他学员的身体都非常灵活。这使他更加努力，尽力去完成每个姿势。课程结束后，格雷格觉得筋疲力尽，但又亢奋无比，就像打完一场漂亮的篮球赛一样。

不幸的是，格雷格第二天几乎走不了路了。在前一天的高温瑜伽课上，他奇迹般地“双腿绷直弯腰”碰到了自己的脚趾，但现在，他根本弯不下腰，连自己的膝盖都碰不到了。尽管格雷格很喜欢上高温瑜伽课，但他面临着一个两难的问题：难道瑜伽都是这个样子的吗？还是说，如果坚持练下去，总有一种瑜伽练习能消除他的疼痛？

幸亏格雷格没有放弃，也没有回到那个“军训式”培训班。他又尝试了好几种瑜伽课程，最后终于找到了一个适合初学者的瑜伽班。这个培训班鼓励学员找到自己的节奏，按照自己的需要调整姿势。这个班里没有竞争感，教练会提醒大家注意呼吸，消除不必要的紧张感。格雷格上课时并没有什么特别的感觉，但下课后感觉很不错。第二天，他的感觉更好了。起床的时候，他的身体不那么僵硬了。坐在办公桌前的时候，他也没有像平常一样觉得背疼、脖子疼。

经过几周的课程，格雷格终于相信，瑜伽确实很有效。他把在课堂上学到的一些基本动作结合起来，创造了一套简单瑜伽练习。每天下班后，他会在自家客厅里练上15分钟。做最有挑战性的伸展运动时，他会特别耐心。这套简单的练习足以让他在工作日感觉到瑜伽的疗效。他觉得自己的身体变得更轻盈、更放松了。

最开始，格雷格希望瑜伽能帮助自己保持“周末勇士”的状态。出乎意料的是，他发现自己如今能用更平衡的方式锻炼身体了。由于工作日不用再忍受疼痛了，他就趁午休时间去公司的健身房锻炼身体。周末，他也更会解读身体传来的信号，知道自己的精力和体力什么时候达到了极限。他学会了不把身体推到极限，避免疼痛在下周一卷土重来。

格雷格的例子，很好地说明了什么才是适合自己的瑜伽练习。刚开始练瑜伽的时候，你可能会做比较激烈的动作。这么做很可能会导致疼痛加剧。竞争意识、自我批评、焦虑、恐惧、回避和急躁都可能扭曲你练瑜伽的本意。为了确保瑜伽练习能发挥疗效，请记住，你在练习过程中的感觉，预示了你通过练瑜伽能获得的长远利益。如果练习让你觉得有压力，那么长远来看它就无法减轻你的压力。如果练习让你觉得很痛苦，那么长远来看它就无法缓解你的疼痛。但如果你在活动、伸展的时候能够保持放松的心态，而且觉得很舒服，那么长远来看你在日常生活中也会有同样的感觉。无论你是按这本书介绍的动作顺序做练习，还是按DVD影碟或瑜伽培训班传授的顺序做练习，请让身体告诉你怎么做最有效果吧。如果你发现做某种练习的时候感觉良好，那就让这种练习成为你生活的一部分吧！

保证自身安全：观察身体的感觉

安全的瑜伽练习是很有趣的，也会给你带来很多新鲜感。你会发现，有效的拉伸运动可以慢慢消除肌肉的紧张感。你过去从未意识到的肌肉突然觉醒了，你的呼吸突然触及了始料未及的地方。感觉能帮助你了解自己的身体，“观察身体的感觉”则是一种很有效的冥想练习。

身体的一些感觉会向你发出信号，告诉你应该结束这个姿势了，或是应该避免做这个动作。如果你有下面的这些感觉，请立刻结束现在保持的姿势，好好休息一下。

- **保持伸展姿势时，不适感持续增加。**只要你不刻意用力，应该是伸展姿势保持得越久，人就觉得越舒服。

• 随着课程不断推进，不适感持续增加。比如，昨天你做某个动作的时候感觉不错，今天做这个动作却觉得不舒服。这表明你可能拉伸过头了，你的身体需要休息。

• 呼吸时有不适感，使你无法顺畅呼吸。这表明，要么是你练得太辛苦了，要么是你的身体对这个动作出现了应激反应。最好的解决方法是先停下来休息一下。留得青山在，不怕没柴烧。

• 剧烈的疼痛或抽搐的疼痛。

• 丧失某种感觉。

上面这些感觉表明你可能是受伤了，而不是体验到了瑜伽带来的积极变化。你可能是强迫自己做这个动作的，或是在某个姿势停留过久，也可能是此时此刻这个动作对你没有治疗作用。

请根据你自己的感觉做个综合判断。请记住，练瑜伽是让你此时此刻感觉良好，而不是等到未来某一刻再让你感觉良好。如果某些瑜伽练习让你感觉很糟，那就果断放弃它吧，去寻找一种适合你的练习方法。

动作顺序

下面介绍一套全方位的瑜伽基础练习，包括一系列适合慢性疼痛患者的姿势和动作。这套动作包括六组“激烈姿势”和一组三个“温和姿势”，让你为放松练习做好准备。每组“激烈姿势”都包括一套“连贯法”（从一个姿势流畅地转换到另一个姿势）和一些你可以分开练习的姿势。

练习“激烈姿势”的最佳方法是：在呼气、吸气的同时从一个姿势转换到另一个姿势。保持这个姿势呼吸5~10次，然后再转换到下一个姿势。在保持某个姿势和转换到下一个姿势的间歇，请拿出几次呼吸的时间来休整一下。利用这段时间观察一下这个动作对你的身、心、灵有什么影响。这种方法能最大限度地提升这套动作的治疗效果。保持最后三个“温和姿势”时，可以呼吸5~10次，也可以呼吸更长的时间。保持这些姿势的时候，请尽量放松，不要让身体有紧张感。用每一个姿势把你身体和呼吸中的紧张感释放出去。

每个姿势都包括一系列说明，教你该怎么做这个动作、这个动作该有什么感觉、你该把注意力放在身体的哪些地方。这些说明将保证你安全地完成这个动作。请尽可能按照说明进行练习。请关注这些姿势带给了你什么样的感觉——你舒服吗？痛苦吗？享受吗？这些感觉是身体给你的反馈，告诉你这样做是否正确。感觉和呼吸会给你最好的回馈，告诉你这个姿势安不安全，对你有没有疗效。

如果一个姿势不适合你（至少目前不适合你），最明显的表现就是，你会有强烈的不适感，很难把注意力放在呼吸上，也很难关注这个姿势带给你的其他感觉。出现这种情况的时候，请试着调整一下姿势，直到你觉得舒服起来，能把注意力放在呼吸和本书建议你关注的其他感觉上面。如果你保持这个姿势的时候仍有疼痛感和紧张感，请结束这个姿势，好好休息一下，然后尝试另一套动作。

你可以按本书介绍的顺序来做这套动作，也可以根据自己的需要设计一套较短的练习。第八章里有许多个性化瑜伽练习的示范，也有一些设计个性化练习的指南，你都可以参考。

针对每个动作，本书都提供了用椅子做支撑的“修订版”。“修订版”和原版有着同样的治疗效果，而且练起来更轻松，给关节带来的副作用更小，对平衡感和体力的要求更少。你会发现，熟悉了用椅子做支撑的“修订版”后，在地板或垫子上做瑜伽变得更容易了。简单的椅上瑜伽姿势便于你在工作间歇、自家客厅甚至是候机厅里练习。（请无视旁人好奇的眼光吧！这些即兴瑜伽课程将为你带来很多好处，绝对值得你在公众场所做个“瑜伽代言人”。）

你需要什么？

一张瑜伽垫（又称“防滑垫”，因为它可以防止练习时打滑）会对你很有帮助，但它不是必需的。你也可以在其他运动垫、硬地板或地毯上做练习，只要你觉得身体得到了支撑就行。在地板上做练习时，身体下面放张垫子、毛巾或毛毯会让你觉得更舒服。你也可以在附近放一把结实的椅子，好尝试一下椅子上的瑜伽姿势。

你不需要什么？

请尽可能光脚练习。请取下可能让你觉得不舒服或干扰呼吸的首饰、手表，也不要穿着紧身衣做练习。建议你不要在镜子前面做基础练习。你第一次练习某个姿势的时候，镜子确实可以给你提供一些视觉反馈，但是，镜子也会影响你关注身体的感觉，导致自我批评或注意力不集中。最好从内而外地体验某个姿势给你的感觉，而不要只顾评价自己在镜子里是什么模样。

拜日呼吸式（山式与拜日式）

这些姿势能帮助你感觉体内气息和能量的流动。

起始：山式

吸气：拜日式

呼气：山式

山式

山式将让你用毫无痛苦的姿势展示平静与自信。

练习方法：保持站姿，双脚并拢，或双脚分开，与臀部等距。体验一下站立的感觉，找到你觉得最舒服的站姿。当你觉得身体既稳定又平衡时，把双手合十，放在胸前。闭上双眼，或凝视自己的双手。

感觉：关注脚底的感觉，身体的对称感，以及呼吸时双手与心脏接触之处的起伏感。

拜日式

拜日式是一种释放喜悦的姿势，会让你自然而然地深呼吸。

练习方法：抬起双手，举过头顶，手掌和手指尽量伸展，轻轻抬起头。

感觉：关注上半身的拉伸和向上延伸的感觉，以及呼吸时腹部和胸腔的起伏感。

瑜伽武士式（和平武士式与勇士式）

武士式既能强身健体，又能让你体验到内在的力量与内心的平和。

起始：和平武士式

吸气：勇士式

呼气：和平武士式

和平武士式

和平武士式让你无须做出任何改变，就能放松身体、关注自己的呼吸和感觉。

练习方法：站姿，一只脚在另一只脚前方，形成舒适的弓步（勇士式）。弯曲位于身体前方的腿，感觉这个姿势是否舒服。让前腿膝盖恰好处在脚跟的正上方，而不是脚尖的正上方。然后，返回放松的站姿，双腿伸直，双手合十，置于胸前。闭上双眼，或凝视你的双手。

感觉：关注双腿用力和稳定的感觉，面部放松的感觉，以及呼吸时双手与心脏接触之处的起伏感。

勇士式

勇士式能为全身输送能量，让你以开放的心态、充足的动力去迎接生活。

练习方法：前腿膝盖弯曲，抬起双臂，举过头顶，肩膀和脖子放松，轻轻抬起头。当你伸展双臂和双手的时候，双脚用力蹬地，就像一株植物要深深扎根大地。

感觉：关注双腿用力蹬地的感觉，呼吸时腹部、肋骨和胸部的起伏感，以及全身辐射出能量的感觉。

强身屈身式（暮光式与前屈伸展式）

这套动作能让全身得到伸展，教你用两种不同的方式做出承诺、摆脱执念。

初始：山式

吸气：暮光式

呼气：前屈伸展式

可选步骤：每做完一轮动作后，返回山式，用一次呼吸的时间休整一下。

◢ 暮光式

暮光式能让你的下半身和丹田更有力，让你学会在困难处境下保持心态平和、身体稳定。

练习方法：弯曲膝盖，臀部后坐，上身前屈。抬起双臂，后背尽可能挺直。请记住保持呼吸。

感觉：保持这个姿势是很有挑战性的。请注意保持这个姿势时用力的感觉，注意用力的感觉和疼痛、疲劳的感觉有什么区别。你能通过用力和集中精神保持这个姿势，而没有极端的不适感吗？

前屈伸展式

前屈伸展式能消除手臂、肩膀、脖子、背部、臀部和腿部的紧张感，教你摆脱不必要的身体压力或精神压力。

练习方法：膝盖微微弯曲，臀部以上的部位前屈。放松背部和上身，让重力帮你完成这个动作。你能前屈多少并不重要，只要这个姿势让你觉得舒服就好。

感觉：关注背部、臀部和腿部的拉伸感，以及上半身既放松又沉重的感觉。拉伸感和疼痛感有什么不同？你能在充分放松的同时关注身体的感觉吗？你能除了试图摆脱压力什么事也不做，进而保持这个姿势吗？

鞠躬感激式（下犬式与婴儿式）

这套动作结合了瑜伽里两个最棒的全身舒展姿势，教你对每一次呼吸和生命的每一刻表示感激之情。

这套动作是用全新的呼吸方法连接起来的，从一个姿势过渡到另一个姿势的时候会更慢一些。请记住，呼气的时候保持姿势不变，吸气的时候过渡到另一个姿势。

吸气：从双手、双膝着地的姿势开始

呼气：过渡到下一个姿势（下犬式或婴儿式）

下犬式

下犬式将缓解腿部、臀部、胸部和背部的紧张感，增加上半身的力量。

练习方法：从双手、双膝着地的姿势开始，先抬起双膝，再抬起臀部。双手向下按，绷紧肩膀和腰部。慢慢伸直双腿，增加拉伸的感觉。如果你觉得保持膝盖弯曲更舒服的话，也可以这么做。

感觉：关注双手按地、上半身用力的感觉，双脚触地、下半身拉伸的感觉，以及气息出入鼻子、嘴巴和喉咙的感觉。

◢ 婴儿式

婴儿式可以缓解臀部、背部、肩膀和胸部的紧张感，这个五体投地的姿势是用来感激此时此刻的。

练习方法：双膝跪地，臀部搁在脚后跟上，腹部紧贴大腿，双臂和头部置于地面。如果你的臀部无法碰到脚后跟，或者保持这个姿势时你的膝盖觉得不舒服，那请在臀部和脚后跟之间塞一个枕头或垫一块儿毛毯。

感觉：关注呼吸时腹部和背部的起伏感，以及充斥身心的感激之情。

用一把椅子把下犬式和婴儿式结合起来。

眼镜蛇崛起式（眼镜蛇变体式与懒蛇式）

这套动作能增加背部的力量，教你在用力和放松之间找到平衡。

起始：腹部朝下平躺

吸气：眼镜蛇变体式

呼气：懒蛇式

眼镜蛇变体式

这个姿势能增加背部和腿部的力量，赋予你在逆境中崛起的能力。

练习方法：腹部朝下平卧，双臂放在身体两侧。你可以弯曲双臂，双手放在胸部两侧，也可以向后伸直双臂，双手放在臀部两侧。吸气的时候，抬起头部、肩膀、胸部和腿部。在保持顺畅呼吸的前提下，尽可能地伸展身体。保持这个姿势只需要用五六成的力气，允许身体在你呼吸的时候自然起伏。

感觉：关注背部用力的感觉，吸气时胸部放松的感觉以及呼吸时上半身微妙的起伏感。

◢ 懒蛇式

这个姿势展示了如何在无须用力的情况下休息和获得支撑。

练习方法：腹部向下平卧，放松身体，让双臂成为头部的休憩之所。

感觉：关注身体下方地面的支撑感，以及呼吸时腹部和背部的起伏感。

用一把椅子将眼镜蛇式和懒蛇式的好处结合起来。

吊桥式（桥式与膝到胸式）

吊桥式能拉伸整个身体，增加全身的力量。

起始：仰面平躺，双腿弯曲，双脚着地。双膝与双脚微微分开，与臀部等距。

吸气：桥式

呼气：膝到胸式

◢ 桥式

桥式能增加双腿、臀部和腹部的力量，同时缓解肩膀和胸部的紧张感。

练习方法：用脚后跟蹬地，使臀部和腰部离开地面。与此同时，先朝天花板抬起双臂，再放下双臂，搁在你脑后的地板上。上身和下身的动作要配合好，保持动作流畅。始终让膝盖处于双脚正上方，既不向两侧撇开，也不紧靠在一起。

感觉：关注双脚与地面相连的感觉，双腿用力的感觉，以及呼吸时腹部和胸部的起伏感。

◢ 膝到胸式

膝到胸式能缓解臀部和背部的紧张感。

练习方法：抱膝，膝盖挤压胸腹部。头部和肩膀搁在地面上，保持放松。

感觉：感觉身体下方的地面支撑着你，关注呼吸时腹部挤压双腿的感觉。

美梦伴你式（摇篮式、休息扭转式、半月式）

这套动作由三个斜倚的姿势构成。这就像一支唱给身体的催眠曲，有助于身体逐渐过渡到最后的放松式。你可以先在身体左右两侧重复这个姿势，再过渡到下一个姿势，也可以先在身体一侧练习三个姿势，再换到身体的另一侧练习，最后再把全套动作从头做一遍。做这套动作的时候越慢越好，保持每个姿势至少呼吸5~10次，再过渡到下一个姿势。

摇篮式

摇篮式能缓解臀部、腹股沟和背部的紧张感。

练习方法：仰面朝天，架个二郎腿，让一条腿的脚踝架在另一条腿的膝盖上。处于下方的那条腿贴近腹部，双手抓住大腿，或双手绕过大腿相握。头部和肩膀搁在地面上，保持放松。

感觉：关注臀部外侧和大腿内侧的拉伸感，肩膀和头部搁在地面上的沉重感，以及呼吸时腹部的起伏感。

休息扭转式

休息扭转式能缓解腹部、胸部、肩膀、脊椎和臀部的紧张感，同时让你自然而然地深呼吸。

练习方法：最开始，双膝置于腹部的正前方。然后，让双腿偏向同一侧。双臂分别向左右两侧伸展。如果你的腿部、肩膀或手臂无法同时自然地碰到地面，也不要强迫它们这么做。全身放松，让重力帮助你完成这个姿势。你可以在身体无法接触地面的部位垫一块毛毯或塞一个枕头。

感觉：关注重力是怎样帮助你完成这个姿势的，感觉身体下方的地面支撑着你，关注吸气时腹部和胸部从内到外的拉伸感。

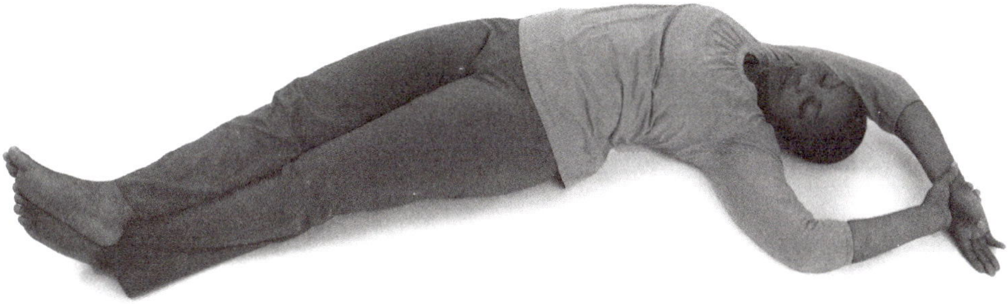

半月式

半月式能缓解身体一侧的紧张感，让你花更少的力气，获得更多的疗效。

练习方法：最开始，仰面朝天平躺。然后，脚跟用力，把双脚挪到一侧，直到你发现大腿外侧或臀部有拉伸的感觉。把一只脚踝架在另一只脚踝上面。双臂举过头，搁在地面上，两个胳膊肘向下压，双肩抬起，朝双脚所在的那一侧移动。轻轻拉伸双臂，一手抓住另一手的手腕。确保双脚、臀部、肩膀和双臂都搁在地面上。

感觉：关注腿部、臀部、腰部、胸部、肩膀这一条线的拉伸感，脚跟、臀部、肩膀、头部、手部接触地面的感觉，以及吸气时腹部和胸部从内到外的拉伸感。

◢ 放松式

做完任何一套动作后都要充分放松。结束一套瑜伽练习后，请用“放松式”仰面平躺，闭上双眼，休整5~10分钟。如果你觉得图中的姿势不够舒服，也可以参考第六章介绍的其他放松姿势。

小清单：要缓解哪些部位的紧张感

每个瑜伽姿势都应该是用力（有意识地保持紧张，增加肌肉的力量）和放松（释放对这个姿势没有直接支撑作用的力量）的平衡。当你保持一个姿势的时候，请从上到下检查自己的身体，看看哪些部位出现了不必要的紧张感。下面的小清单里列出了一些部位。人们在做瑜伽时和日常生活中往往会在这些部位保持不必要的紧张感。每练习一个姿势，就检查一下自己这些部位是否紧张。你能在保持姿势的同时放松这些部位吗？

请检查下面这些部位：

· 下颚/口部
· 腰部/背部中央
· 前额/眼睛
· 腹部
· 颈部
· 臀部
· 肩膀/背部
· 手指/双手

如果你练瑜伽的时候能定期做一下这样的“全身扫描”，那么，无论是在做瑜伽的过程中，还是在未来的生活中，你都能消除掉很多连自己都没有意识到的紧张感。

把上述练习结合起来

了解了这一章介绍的动作后，你就可以把学过的东西结合起来了。下面，我将告诉你怎样把这些动作与呼吸练习和“与身体为友”的练习整合到一起。

• 第三章介绍的放松呼吸的伸展动作（第35页），可以放在任何一套瑜伽练习的起始阶段。通过这些伸展动作，让你的身体做好准备，让你的精神高度集中。

• 让“倾听自己的身体”（第72页）为你的瑜伽练习提供灵感。练习“感知自己的呼吸”（第30页）一到两分钟，然后问问身体：“你今天需要什么样的姿势，或者什么样的伸展动作？”让内在智慧引领你去选择一组动作吧。

• 做每个动作的时候，都请练习“感知自己的呼吸”。它能把每个动作都变成富有疗效的冥想练习，也能使每个姿势都变得更安全、更舒适。

• 为了充分发挥瑜伽练习的疗效，当你用“放松式”进行最后的休整时，请练习“全身呼吸术”（第53页）。

•“放松式”是练习缓解疼痛的呼吸术的绝佳时机。你在这个时候很放松，所以很容易学会呼吸技巧。常常在放松的状态下练习呼吸术，还能增强你的自信心，让你在疼痛袭来时更愿意运用这些技巧。

• 你有没有发现做某个动作对自己的柔韧性或体力是很大的挑战？有些动作你可能想跳过不做，或是敷衍潦草地做一下，或是咬紧牙关忍过去。请反过来想一想，你能不能用“与身体为友”的态度，把这些动作视为献给身体的礼物？你能不能让身体接受这些礼物，而不是强迫身体去容忍它们？如果你能从另一个角度看待这些动作，你就可能会惊讶地发现，自己竟然渐渐喜欢上了它们，而它们也让身体出现了积极的变化。

第六章

充分放松身心

“放松”听起来像是世界上最容易做到的事，但你试着放松的时候却会发现，“放松”根本就是个不可能完成的任务！原本你是想让自己轻松一下，结果却弄得自己更紧张了。当疼痛袭来的时候，躺下休息并闭上双眼一下子变成了很可怕的事，因为你会发现，自己除了觉得痛苦和想着疼痛，什么事也做不了。我想告诉你的是，充分放松身心是有可能办到的。事实上，“放松”正是消除长期压力、缓解慢性疼痛的理想做法。

曾经有个学生对我说："你说'放松肩膀'的时候，我很同意你的说法。我确实需要放松一下肩膀，但我不知道怎么做才能放松。"

或许你也深有同感。"放松"听起来像是世界上最容易做到的事，但你试着放松的时候却会发现，"放松"根本就是个不可能完成的任务！你给自己下达了"放松"的命令，但身心却一点儿也不配合！你的脑子里充满了混乱的想法，肌肉则绷得紧紧的，不肯罢休。原本你是想让自己轻松一下，结果却弄得自己更紧张了。当疼痛袭来的时候，躺下休息并闭上双眼一下子变成了很可怕的事，因为你会发现，自己除了觉得痛苦和想着疼痛，什么事也做不了。

如果我对"放松"的描述让你有点儿想直接跳过这一章，那么，请再读几段试试看。我想告诉你的是，充分放松身心是有可能办到的。事实上，"放松"正是消除长期压力、缓解慢性疼痛的理想做法。这一章将教你通过两种瑜伽放松技巧，循序渐进地放松身心。这两种技巧就是“有意识放松术”（conscious relaxation）和“养生瑜伽术”（restorative yoga）。

为什么说放松能缓解疼痛

研究表明，对于慢性头疼、背疼、纤维肌痛、骨性关节炎、颞颌关节炎、肠易激综合征等病痛的患者来说，放松练习能有效缓解疼痛，改善生活质量。

为什么说放松能缓解慢性疼痛？首先，放松能马上发挥疗效。它能终止应激反应，引导体内能量的流向，促进身体的生长、修复、免疫和消化。赫伯特·本森（Herbert Benson）医生将这种治疗模式命名为“放松反应”。

从长远来看，放松还能让身心焕然一新。“放松反应”能消除身心的“业障”，截断疼痛的源头，为身心愈合打下基础。持续的放松练习还能给人安全感，让身心不再随时保持警惕状态，得到一定的休息。只要身心获得了安全感，你就可以引导它们去感受更深层次的喜悦和平静了。

在疼痛袭来时学会放松

当疼痛袭来时，也可以做放松术吗？是的。如果你发现疼痛越来越严重了，“放松”是你该第一个采取的策略。忍受疼痛折磨的时候，正是进行放松练习的最佳时机。尽管这时做练习没有毫无疼痛时那么轻松，但只要你做的事没有加剧疼痛，就请让放松练习慢慢发挥疗效吧。“放松”会用一种神秘的方式发挥疗效。它会让你对疼痛更有自控力，也会帮你鼓起勇气应付疼痛。

“放松”也能让身心学会区分身体的疼痛和紧急情况下的应激反应。这就是为什么放松练习即使没有彻底消除痛苦，也能起到一定的作用。如果在受到疼痛折磨的情况下，你也能充分放松，那么，你就解开了神经系统里的“死结”。正是这些“死结”引起了各种各样的疼痛。大多数慢性疼痛患者都发现，疼痛会让自己感到有压力，而压力会反过来加剧疼痛。如果能解开把疼痛和压力连在一起的“死结”，你就能打破这个恶性循环，身心就能学会用不同的方式应对生活中的挑战。只要学会在疼痛袭来时充分放松，你就会发现，身心再也不会只用“疼痛”去应对挑战了。

梅根的故事：寻找安全感

梅根是一个修经济学和哲学双学位的大学生。她患有肠易激综合征（IBS），所以得特别用功才能赶上课程进度。她经常急性腹痛和腹泻。一开始出现的症状是抽筋，然后，梅根就开始担心自己要犯病了。接下来，是至少持续一个小时的剧烈反应。每当病情发作的时候，梅根就会缺课。在剧烈反应过去之前，她什么事情也做不了。

梅根知道，肠易激综合征是压力导致的。她经常在考试周期间患病，还因为难受到无法离开宿舍而缺考过。梅根发现，当她认为腹部的疼痛会愈演愈烈，可能引起肠易激综合征的全面爆发时，她就会非常恐慌。最糟糕的是，她觉得自己毫无隐私可言。梅根和一个室友同住一间小宿舍，和一整层楼的人共用盥洗室，所以她根本没有独处的空间。因此，她患病时会觉得特别脆弱无助，难以控制自己的身体。

在宿舍辅导员的建议下，梅根参加了一些减压瑜伽课程。她最喜欢其中的“放松练习”部分。“放松练习”为她创造了一个安全的空间，能让她的感觉一下子好起来。

每当感到恶心难受的时候，梅根就会在宿舍的床上做放松练习。事实证明，这是应付肠易激综合征的最佳方案。疼痛的迹象一出现，她马上就开始做练习。渐渐地，她觉得自己能忍耐腹部的不适感了。她心里想着，其实这个迹象没什么大不了的，自己的紧张感才是问题所在。她会有意识地放松身体的其他部位，想象呼吸消融了腹部的紧张感。梅根用放松的姿势休息时，会对自己不断重复“我是安全的”。这能让她的身心得到放松，避免把一点点疼痛的迹象变成一场可怕的灾难。

通常情况下，这种练习都能阻止肠易激综合征的全面爆发。随着症状变得越来越轻，疼痛时间变得越来越短，梅根渐渐摆脱了对肠易激综合征的恐惧。这时，她才意识到，肠易激综合征给自己带来了很多压力，而压力又反过来导致了肠易激综合征的爆发。

如果你的疼痛也是压力导致的，如果你也总把疼痛信号视为灾难，那么，“放松练习”将是你预防和缓解症状的最佳工具。你可能会像梅根一样发现，不是每种不适感都会导致疼痛的全面爆发，充分放松才能让身心知道自己是安全的。

练习

有意识放松术

有意识地绷紧和放松身体，每次只关注一个部位。从一个部位过渡到另一个部位时，请休息一会儿。

练习：

· 平躺。如果你觉得躺着不舒服，也可以采用其他姿势。

· 释放体内的压力和紧张感。

· 当压力或疼痛袭来时，请转移注意力，寻找安全感、自控感和舒适感。

· 睡前躺在床上练习，有助于缓解疼痛或压力导致的失眠。

一次全身练习需要5~10钟。

让我们来做一个小小的放松实验吧。请尽量抬高肩膀，越靠近耳朵越好。先绷紧肩膀，然后放松，让肩膀落下去。再做一遍，只不过这次要加上呼吸，抬高肩膀时吸气，让肩膀落下时用嘴呼气。现在，再做一遍，但这次只用一半的力气，把肩膀抬到一半的高度，保持一半的紧张感。然后，再做一遍，但用更小的力气，只把肩膀抬高一点点。呼气，完全放松下来。

下一步，你要闭上双眼，在头脑中重复整个过程。闭上双眼，想象吸气时尽量抬高肩膀，呼气时让肩膀落下去。这样反复做几遍。先想象绷紧肩膀，再想象放松肩膀；先想象用尽全力，再想象用一半的力气。然后，让肩膀休息一下，注意自己的呼吸。请闭上双眼，花几分钟的时间，关注自己有什么样的感觉。

你觉得怎么样？你能有意识地绷紧肩膀吗？如果你能做到这一点，那么说明你已经在学习放松的道路上迈出了重要的一步。“有意识地紧张”看似是朝错误的方向迈出了一步，但实际上，这个练习可以重塑身心，帮助它们放松。

为什么会这样呢？因为身体的紧张大部分是无意识的，这也是慢性疼痛会偷偷找上你的原因——无意识地紧张一直没有被体内的“雷达”监测出来，它会慢慢积累起来，直到某一天突然变成疼痛。问题在于，如果你没有意识到这种紧张感，你是无法释放它的。

“有意识放松术”的基本原理是：取消你有意识去做的事，比取消你无意识在做的事要容易得多。练习“有意识放松术”的过程中，你会有意识地紧绷身体的不同部位，然后再放松下来。就像放松肩膀的小实验一样，你一开始动作幅度会大一些，然后会慢慢减少用气，渐渐熟悉怎样紧绷和放松。

在头脑里想象这些动作，可以进一步重塑你的身心。因此，观想练习能缓解你体内无意识的紧张。

你会发现，经常练习“有意识放松术”能让自己更容易放松，更容易进入愈合状态。你也会越来越明白，自己的身体在何时、何处最容易出现紧张。掌握这种技巧后，你就能随时随地缓解“有意识地紧张”了。

准备好了吗？我们开始吧

练习“有意识放松术”时，你可以采用最舒服的姿势，坐着、站着或躺着都行。

请选一个你觉得最能掌控的部位开始练习。这个部位可能不是你想缓解疼痛的目标。当你在这个部位练熟了放松技巧后，再慢慢过渡到受疼痛折磨的部位。如果某个部位有过肌肉痉挛或受过伤，请跳过第一步（用力紧绷），从用一半力气或想象开始练习。

有意识地紧绷、放松全身

你可以从下面列出的部位里选一些做练习。

- 双手和手腕
- 手臂
- 肩膀和颈部
- 面部
- 胸部
- 腹部
- 背部
- 臀部
- 双腿
- 双脚和脚踝

先紧张，再放松

很多方法都能让身体的一个部位紧张起来。不用担心你用的方法是否“正确”。在第一轮练习中，请让目前正在活动的部位紧张起来。你可以选择挤压、抬高、绷紧、收缩、推拉这个部位，只要有用就行。如果你想让它放松下来，只需要让它停止紧张。请把这套动作重复几次，每次重复的时候逐渐减少用力，慢慢缓解紧张感。

在观想环节中，请闭上双眼，想象你刚刚做过的动作，想象一下紧张和放松的感觉。你可能会发现，即使你没有让肌肉真正紧张起来，只靠想象紧张和放松也能起到解压的作用。这是个自然现象，也是个好兆头，说明观想练习起作用了。如果你觉得思维混乱或不会想象，也可以略过这个环节。最开始，你可能觉得实际的“紧张—放松”的环节更简单，因为这个环节更容易控制，那么，你也可以在未来的练习中增加观想环节。

呼吸

你会发现，有时候吸气更容易让肌肉紧张起来（如肩部或背部），有时候呼气更容易让肌肉紧张起来（如腹部或臀部）。但最重要的一点是，要让呼吸成为这个练习的一部分。请加上呼吸练习一下，看看呼气、吸气时分别有哪些部位会紧张起来。只要不屏住呼吸，无论你怎么呼吸都行。在紧张和放松的间歇，记得用“放松呼吸术”休整一下。

休息

从一个部位过渡到另一个部位时，请停下来做几次深呼吸，注意自己有什么感觉。为了让“有意识放松术”更好地发挥疗效，你在有意识地绷紧和放松每个部位后，可以使用“全身呼吸术”（第53页）中的观想练习，想象一下用身体各个部位吸气、呼气，想象所有挥之不去的紧张感都被呼吸消除了。你也可以在休息阶段采用“光芒与色彩”的观想练习。当你有意识地绷紧和放松某个部位后，请闭上双眼，想象那个部位发出温和的光芒，或闪耀着象征愈合、舒适、放松的色彩。完成全套练习后，你可以想象全身发出光芒或象征愈合的色彩。

养生瑜伽术

“养生瑜伽术”是通过温和的瑜伽姿势，加上有意识地呼吸和冥想，开启有愈合作用的放松反应。在下面几页里，你将学到5个养生瑜伽姿势。你可以把这些姿势分开来练习，也可以按照书里的顺序练习。

养生瑜伽术之所以能让人放松，有几个原因。

首先，每个姿势都要保持几次呼吸的时间。你可以在一个养生姿势上保持10分钟甚至更久。保持静止可以消除体内最深层的紧张感。

其次，养生瑜伽会用道具支撑你的身体。墙壁、椅子、沙发、枕头、毛毯、毛巾或专门为养生瑜伽设计的瑜伽垫，都可以成为你的道具。正确的支撑会让你觉得很轻松，也能让你的身体完全放松下来。

有些激烈的瑜伽姿势或许会给你强烈的拉伸感，但养生瑜伽绝不会让你有这种感觉。伸展、用力虽然都是健康的练习方法，但它们都会引起身体的紧张。请注意，这种紧张对身体是有益的，会让身体适应每个姿势带来的挑战。不过，养生瑜伽的目的是缓解压力、消除紧张。什么道具让你感觉良好，你就可以用什么道具，帮助身体去适应那些姿势。当你保持一个姿势时，请注意身体有没有感到轻松，呼吸有没有变得更温和、更自然。

最后，保持这些姿势的时候，你看上去似乎什么也没有做，但其实不然。养生瑜伽术是一套积极主动的练习，因为它的每个姿势都包含呼吸和冥想的元素。养生瑜伽术关注的是想法、感觉和情绪，它能让身体得到休息，让心灵得到鼓舞。

养生瑜伽术的一般准则——让每个姿势更舒服、放松呼吸、集中注意力

下面的指南将帮助你发现养生瑜伽术的潜在功效。

让每个姿势变得更舒服

请慢慢调整姿势，让自己能舒服地休息。请特别注意关于选择、放置道具的说明。

这些姿势都不该引起新的不适感，也不该加剧现有的疼痛感。相反，你坐着或躺着时应该觉得很舒服。如果某个姿势让你觉得不舒服，看看能不能调整一下道具或身体，让自己尽可能感到舒服。如果你办不到，就请换一个姿势试试。并非每个姿势你都得做到。如果你能通过任何一个姿势获得放松，你就获得了养生瑜伽带来的好处。

如果你在保持一个姿势时获得了足够的支撑，感觉非常舒服，那么，请继续保持这个姿势，保持静止不动。即使是最轻微的调整都能让你进入深度放松的状态。请闭上双眼，把注意力集中在呼吸上。

不要给自己定下严格的时间表，不要规定每个姿势必须保持多长时间。最开始，你可以对时间有个大概的限定，规定每个姿势要保持一两分钟。如果你觉得某个姿势很舒服、很有效，你可以适当延长练习时间。如果某个姿势给你带来了新的不适感或疼痛感，你可以选择立刻结束。如果你担心保持一个姿势会睡着，你可以把闹铃设成10~15分钟。这样一来，你就不用一直关注时间，也不用担心无法保持清醒了。

记住呼吸

保持养生瑜伽姿势的时候，你也可以练习“放松呼吸术”。温和、轻松的

呼吸可以促进身体放松。“感知自己的呼吸”则会让心灵保持轻松，避免忧虑或分心。当你用每个姿势休息时，请关注自己吸气和呼气的感觉，有意识地用这些感觉取代压力或疼痛感。如果你练习养生瑜伽是为了缓解疼痛，不妨同时练习一下“放松呼吸术”（第47页）。

集中注意力

做放松练习的时候身体什么也不用做，所以你很可能会发现，自己的心神在四处游移。你可以把注意力集中在呼吸上。集中注意力能让身心从养生瑜伽术中获得很多好处。其他冥想技巧也可能对你有所帮助。

你会发现，在每个姿势的说明里，都有一条或多条关于冥想的建议。在心里默念一个短语或默想一幅图画，你会更容易保持静止，进入休息的状态。你可以试一试在冥想过程中集中注意力会有什么感觉。如果你觉得自己容易分心，或是这么做让你觉得疲劳，那也可以跳过这个部分，通过关注自己的感觉来让身心得到休息。

选择姿势和动作顺序

请注意，下面只展示了练习瑜伽的一种动作顺序。试着练习的时候，你可能会发现，你的身体更喜欢另一种动作顺序，或者，你更喜欢长时间保持同一个姿势，而不是变换多个姿势。你也可以把养生瑜伽的姿势加入这一章介绍的动作里（比如，你可以用上第五章介绍的姿势）。至于怎么把养生瑜伽的姿势纳入一套瑜伽练习，请参考第八章的练习示范。

当你尝试每个姿势时，请寻找让你最有归宿感的那一种。哪个姿势让你觉得最有支撑、最舒服、最安全？把它纳入你的个性化瑜伽练习吧。如果你希望摆脱身体疼痛或缓解精神压力时，你不妨向这个姿势寻求帮助。

练习养生瑜伽需要做什么准备？

和其他瑜伽练习一样，你需要穿不会干扰呼吸或肢体运动的舒适衣物。

养生瑜伽练习可以使用很多道具。一般情况下，在开始练习之前，你最好准备一些枕头和毯子。沙发、椅子、墙壁、毛巾、眼垫、瑜伽砖和专为养生瑜伽设计的抱枕，都可以成为你的道具。你可以根据不同的需要，让身边的东西都派上用场。

你还可以准备一只简易计时器，用来控制时间。比如，如果你睡着了，它可以唤醒你。轻松的音乐也可以成为养生瑜伽练习的有益补充。

辅助倒立式

优点

这个姿势可以让背部和臀部得到放松，而且你无须过度拉伸肢体。这个让双腿高于心脏的温和姿势还能促进血液循环，抚慰体内的许多系统（包括神经系统和心血管系统）。

道具

墙壁、椅子或沙发。

可供选择的道具：普通的毛巾或毯子，可以用来支撑颈部和头部。眼垫或布片，可以用来遮住双眼。

说明

你可以坐在地板上，一侧身体朝向墙壁；也可以坐在椅子上，一侧身体朝向椅背。如果你想用道具来支撑头部和颈部，请把它放在你头部将要倚靠的地方，也就是离墙壁或椅子大概一臂远的地方。最开始，请用手臂支撑身体，身体向后靠，双腿抬高，架在墙壁或椅子上，臀部随之自然扭转。最后，你将仰面朝天舒服地躺在地板上。双腿尽量向上伸展，靠在墙上，或弯曲双腿，架在椅子上。如果你把双腿架在墙上，请确保膝盖、双腿和臀部没有拉伸感。如果你觉得有拉伸感，请试着调整一下姿势，让臀部离墙远一些，减少腿部和背部的压力。如果你还是觉得有拉伸感，也可以换成双腿弯曲、架在椅子或沙发上的姿势，这个姿势会舒服得多。请充分放松，感觉道具提供的支撑。

呼吸

一旦你调整好了姿势，就把双手放在腹部，感觉呼吸时腹部的起伏。辅助倒立式也是一个练习“平衡呼吸术”观想（第50页）的完美姿势。

冥想

这个姿势能帮你卸下平日的烦恼和负担。吸气时，心里默念“卸”；呼气时，心里默念“下”。

筑巢式

优点

筑巢式会营造一种安全感，也是个舒服的睡眠姿势。因此，如果你有失眠问题或其他睡眠障碍，这个姿势就很适合你。

道具

2~3个枕头。

可供选择的道具：一个瑜伽抱枕。

说明

身体侧卧，双腿弯曲，靠近腹部。头部置于枕上，两膝之间塞一个枕头或抱枕。把双臂放在你觉得最舒服的位置上。如果条件允许的话，你也可以在背后放一个枕头或抱枕，为身体提供额外的支撑。做完“筑巢式”后，你还可以做一个“筑巢扭转式”（保持这个姿势呼吸10次），如下图所示。这两个姿势有相辅相成的作用。

呼吸

保持自然呼吸的节奏，观察你每次吸气、呼气时气息是怎样在体内流动的。你可以通过这个毫不费力的简单动作获得安慰。

冥想

筑巢式会给你带来安全感和得到支持的感觉。无论是在身体上，还是在生活的方方面面，你都会有同样的感觉。请在心中默默重复“我是安全的”或“我是得到支持的”。如果还有一些文字、图像或记忆能让你觉得安全和得到支持，你也可以想一想它们。

辅助束角式

优点

这个姿势可以使腹部、胸部和肩膀得到放松，也可以让你获得满足感，让你有机会表达感激。

道具

两个枕头或两块儿小毛毯，加上一个抱枕或结实的坐垫。你还需要一些东西来支撑抱枕。随便什么东西都可以拿来做支撑，从瑜伽砖到成堆的电话簿都没有问题。

可供选择的道具：眼垫、小毛巾或布片。

说明

把抱枕斜倚在瑜伽砖或其他支撑物上。双腿盘成菱形，坐在抱枕前方。在每个膝盖下面塞一个枕头或一卷毛毯，确保双腿得到足够的支撑，膝盖、双腿和臀部都没有拉伸感。仰面朝后倒下，感觉自己从腰部到后脑勺都得到抱枕的支撑。把双臂放在你觉得最舒服的位置上。

呼吸

这个姿势可以使腹部和胸部得到放松，让你的呼吸变得更顺畅。请注意，当你吸气的时候，整个身体前侧都放松了，而且在轻轻地拉伸。跟着这种感觉走，注意呼吸时身体前侧有多么轻松。

冥想

想一想值得你感激的事，想象这些事的细节，直到你感到了真正的感激之情。想象一下对每个人说“谢谢”。

◢ 辅助后弯式

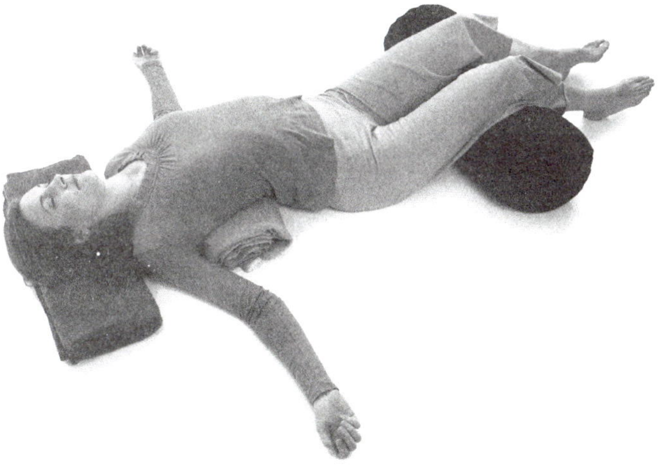

优点

辅助后弯式是一个敞开心扉的姿势，会让你更想拥抱生活，也会让你下定决心，不让各种挑战（包括疼痛）影响自己的生活。这个姿势也能奇迹般地释放背部和肩膀的慢性紧张，帮你改变因为在办公桌、电脑或方向盘前坐得太久而养成的坏姿势。

道具

一个或多个折叠枕，一卷或多卷毯子/毛巾，用来支撑上半身；一堆枕头或一卷毛毯，用来支撑下半身；一卷毛巾或小毛毯，用来支撑头部和颈部。

说明

保持坐姿，膝盖稍稍弯曲，在膝盖下面塞一个抱枕、一堆枕头或一卷毛毯。当你躺下后，在背后放一个折叠枕或卷起的毯子/毛巾。它应该支撑着你的胸腔上部，而不是腰部。如果你的胸腔上部和腰部需要额外的支撑，请拿一卷小毛巾塞在脊柱的自然凹陷处。拿一卷小毛巾或小毛毯支撑头部和颈部，让头颈保持你觉得最舒服的高度。

呼吸

这个姿势能改善气息在胸腔上部、胸部和腹部的流动。你吸气和呼气的时候，请自己去感受这些部位的起伏。想象你在通过心脏呼吸。想象一下，你吸气的时候，气息从心脏流向肺部；你呼气的时候，气息从肺部流向心脏。

冥想

想象你的心脏是个发出光芒、辐射能量的太阳。感觉你呼吸时胸部微妙的膨胀和收缩，想象那个太阳随着你的呼吸不断辐射出能量。在心中默默重复“我是敞开心扉的”。

◢ 辅助前屈式

优点

辅助前屈式有助于放松臀部

和背部，消除日常活动对脊柱的压力。搂住抱枕，把头靠在上面，这就为你提供了一种自然的安全感和舒适感。

道具

一把椅子、一张沙发或一堆枕头/毛毯，用于倚靠。

可供选择的道具：一个瑜伽抱枕，用于拥抱，你也可以把头靠在上面。

说明

盘腿坐在地板上，身体前倾，靠在用作支撑的沙发、椅子或成堆的枕头、毛毯、垫子上。如果你有一个抱枕，请把抱枕的一端放在大腿上，另一端放在沙发、椅子或成堆的支撑物上。请把头部靠在你的支撑物上。如果靠的是抱枕，你可以用最舒服的姿势搂住它，脸偏向一侧。请确保支撑物足够高、足够结实，足以支撑你全身的重量，不会让背部或臀部产生拉伸感。如果你感到了拉伸感，觉得保持这个姿势不太舒服，那说明你还需要更多的支撑物。

呼吸

保持这个姿势的时候，你的腹部、胸部和背部都会随着呼吸膨胀和收缩。你吸气和呼气的时候，请感觉一下整个躯干是怎样起伏的。吸气的时候，感觉你的腹部和胸部轻轻挤压支撑身体的抱枕/枕头。通过感知自己的呼吸，加深被拥抱的感觉。

冥想

想象一个让你觉得心境平和的地方。对许多人来说，那可能是大自然、宗教场所，也可能是被亲人包围的地方。想象自己待在那个地方，想一想所有能让你联想到平静的东西（图像、声音、气味或触觉）。

如果你练习这个姿势是为了缓解疼痛，请在心中重复能让你得到安慰的词语，如“一切都会过去”或“上帝爱我”。

莉萨的故事：寻找希望

莉萨总是觉得很疲惫，但找不到原因。这真叫人抓狂！她第一次出现这种情况是在寒假期间。她觉得这是因为自己得了流感，加上做了太多的事。但假期过去了，疲劳感却没有消失。她的家人非常警惕，叫她赶紧去看医生。家庭医生没法给出确切的诊断，又建议她去看专家。专家给莉萨做了很多测试，但还是没法告诉她这究竟是什么导致的。最后，丽莎被诊断为慢性疲劳综合征。到这个时候，她已经请了很久的病假了。她很担心自己还能不能回去工作。

医生给莉萨开了两种处方药，一种是消炎药，另一种是抗抑郁药。但医生没能解释她为什么总是感到疲惫，也没能说明她能不能康复、什么时候才能康复。

对莉萨来说，缺少医学解释就意味着毫无治愈的希望。她感到越来越疲惫，也越来越绝望。有些时候，她实在是太疲惫了，刚醒过来不到一小时就又爬回床上。最糟糕的是，她尽管总是筋疲力尽，却无法安然入睡。这给了她很多独处的时间，使她更加忧心忡忡、备感挫折。她把自己的生活称为“清醒的噩梦”。

由于没有明确的治疗方法，莉萨需要做一些事情来证明她确实在照顾自己。她决定每天做一些可以提升精力、改善情绪的事。莉萨的体力不足以做激烈的运动，但她发现养生瑜伽术给了自己很大的安慰。她不仅能每天坚持练习，还深知这么做能让自己感觉良好。

莉萨把瑜伽垫和道具都放在自己看得见的地方，提醒自己每天都要坚持练习。她花了很多心血选出了一些鼓舞人心的背景音乐。因为她知道，自己最喜欢的歌曲有利于改善情绪。她深信，关注感激、喜悦和勇气能改变自己的身体状态。每天，她都在保持休息的姿势时做冥想练习，想象这些练习能为自己重塑身心。

莉萨把养生瑜伽练习看成了自己的第三种处方药。这成了她自我保健计划的一部分，让她始终对未来保持乐观。

许多病痛都会让你的身心不堪重负，还会使你无法正常生活，强迫你扮演“病人”的角色。当病痛变得让人难以忍受时，哪怕是用短短几分钟时间关注自己的健康，也能让你重振希望、鼓起勇气、踏上愈合之旅。如果你发现自己情绪低落，不妨通过瑜伽练习告诉自己：尽管你饱受病痛的折磨，但你身体里仍有一些部分是健康、完整的。

把上述练习结合起来

放松练习可以独立进行，也可以让其他瑜伽练习更好地发挥疗效。

• 选择你最喜爱的养生瑜伽姿势，作为所有呼吸练习或“与身体为友”练习（请见第三章和第四章）的基础。

• 放松练习通常会放在一套瑜伽练习的最后。不过，你也可以在一套瑜伽练习的开始进行“有意识地放松”，释放无意识的紧张感，让每个姿势变得更舒服。

- 每当你筋疲力尽或是想做一次温和的练习时，都可以把“放松呼吸术”（第47页）和养生瑜伽姿势结合起来。

第七章

冥想——与心灵交朋友

冥想是一种活动心灵的瑜伽术，会告诉你如何与自己的心灵交朋友。本章将告诉你如何用冥想来缓解疼痛、减轻压力，让心灵安静地栖息，如何引导内心摆脱紧张和痛苦，获得智慧和喜悦。

在这本书的第四章里，你已经学会了怎样和自己的身体交朋友。在第五章里，你又学会了怎样活动身体。在这一章里，我将向你介绍冥想。冥想是一种活动心灵的瑜伽术，会告诉你如何与自己的心灵交朋友。

本章将告诉你如何让心灵安静地栖息，如何引导内心摆脱紧张和痛苦，获得智慧和喜悦。

冥想如何缓解慢性疼痛

很早很早以前，瑜伽修行者就开始用冥想来缓解疼痛、减轻压力了。但直到最近，人们才开始研究冥想是如何做到这一点的。

激发积极心态

压力和疼痛会让你把注意力始终放在出问题的地方。持续关注消极的感觉、想法和情绪，会让你一直很痛苦。冥想可以让你转移注意力，使疼痛反应中断。研究表明，把注意力放在呼吸、唱诵或观想上，能让身心迅速摆脱压力，进入放松状态。这么做还能增强人们对疼痛的忍耐力。

日本的研究人员做过一个特殊的实验。他们对一位瑜伽大师进行了测试，这位大师声称自己在冥想过程中能阻隔一切疼痛。在大师冥想前和冥想过程中，研究人员分别用激光来引起他的疼痛反应。大脑成像显示，大师在冥想前疼痛反应和常人一样。但在冥想过程中，他大脑中和疼痛有关的区域，包括产生疼痛的感觉、想法、情绪、反应的区域和活动都显著减少。这项研究表明，尽管我们大多数人永远都不会成为瑜伽大师，但冥想确实能影响人们的疼痛感。

冥想不但能中止消极的心态，还能激发积极的心态。任何一种冥想技巧都能起作用，但你冥想时关注的焦点决定了最终的疗效。研究表明，喜悦冥想会激活大脑中产生积极情绪的区域；身体冥想会激活大脑中与感觉、运动有关的区域；观想冥想会激活大脑中与你想着的东西有关的区域。这些研究证实了，在尝试不同的冥想技巧时，你会有什么样的体验，通过选择自己关注的焦点，你可以创造出一种特定的心理状态。这种心理状态不但是真实的，也是有疗效的。

打破旧的思维习惯，带来持久积极改变

冥想除了能暂时中止消极的心态，用积极的心态取而代之，还有很多其他的功效。研究表明，经常冥想还会带来持久的积极改变，对消除疼痛、改善情

绪、缓解压力、保持健康都有一定的作用。

冥想之所以能带来持久的变化，是因为它能帮你培养一种应付疼痛、压力和痛苦的习惯。每个人都有自己的思维模式和感觉方式，这些习惯是长期养成的，也是无意识的。有一些思维模式，比如长期忧虑、自我批评、愤怒或孤独，都会加剧慢性疼痛。另外一些思维模式，比如接受、感激或幽默，则有助于缓解和摆脱疼痛。

有些人习惯于担心还没发生的事，有些人则习惯于回忆旧日的美好时光；有些人习惯于自我批评、自我责备，有些人则习惯于看到自己和别人身上的优点。这些思维习惯，无论是有害于还是有利于治疗的，都会通过不断地重复得到强化。随着一次又一次的“练习”，你的身心会逐渐被塑造成某个样子，导致你将来不断出现同样的想法和情绪。

我们往往容易看清别人的思维习惯，并通过这些习惯去理解别人的生活。但我们总是看不清自己，不知道有时候自己的想法和感受并非在反映现实，而是一种长久以来形成的思维习惯。如果你养成了一种思维习惯，你就会觉得这是对生活唯一合理的解读。也正是因为如此，思维习惯可谓“威力十足”。

冥想将向你揭示一个事实：你拥有选择权，可以选择让一个想法压过另一个想法。冥想会让你内在的智慧和喜悦（而不是无意识的思维习惯）控制你的生活感受。通过冥想，你会发现自己无意识的思维习惯，从而有意识地选择新习惯。在练习这一章介绍的冥想技巧时，你会发现，你也可以成为自己的心灵导师，你也可以获得特定的感觉、想法和情绪，不再让旧习惯害得自己左焦虑右抱怨。只要你认真练习，你就能打破旧有的思维习惯，养成能够缓解慢性疼痛的新习惯。

你将学习的四种冥想术

在这一章里，你将学习四种冥想术：静坐冥想（“与心为友”）、语音冥想（“保护心灵”）、修心冥想（“改变扭转”）和修慧冥想（“朝反方向扭转心态”）。这些冥想术有两个共同点：第一，它们都植根于有康复效果的瑜伽哲学思想；第二，临床研究证明，它们都对慢性疼痛患者有所帮助。

静坐冥想（shamatha meditation）又称“奢摩他”，这种冥想术能让心灵在呼吸中得到休憩，摆脱可能导致痛苦的想法。在这本书的第三章里，你已经学过了这种冥想最基础的部分——感知自己的呼吸。要把“感知自己的呼吸”当作一种冥想术来练习，你只需进一步感知自己的心神是如何游移的。每当心神开始四处游移的时候，请用友善、怜悯的态度把注意力重新引回到呼吸上。

语音冥想（mantra meditation）又称“曼陀罗”，是指大声重复或在心中默默重复某些声音、单词或短语。真言（mantra）这个词可以翻译成“对‘内心’（man）的‘保护’（tra）”。真言能把你从痛苦中解救出来，为你打造一个内心的避难所，保护你远离未来的痛苦。

修心冥想（citta bhavana）可以翻译成“有意识地创造或选择（bhavana）‘心态’（citta）”。有些冥想练习能帮助你选择有利于康复的心态，比如喜悦或感激。通过修心冥想的练习，你将学会把注意力集中在有利于康复的想法上，有意识地获得有利于康复的感觉和情绪。

修慧冥想（pratipaksha bhavana），也就是修心冥想的升级版。它的字面意思是“朝反方向扭转心态”。当你觉得被消极的想法和情绪所困时，这种冥想术会告诉你怎样选择扭转自己的心态。

对冥想的普遍误解

有很多学生对我说："我不会冥想。我试过了，但我没法赶走脑子里所有的想法。"他们试图把脑袋放空，却发现自己在不停地胡思乱想。他们觉得自己的尝试很失败，所以就放弃了，觉得冥想不适合自己。更糟糕的是，有些人甚至认为，冥想根本就没有效果。

如果你也有类似的经历，请不要着急，不要马上放弃冥想。冥想并不意味着心中一片空白，也不意味着要"放空"你的脑袋。冥想讲的是感知和选择，而不是精神控制。如果你尝试了冥想练习，那就说明你想关照自己的内心。在练习这一章介绍的冥想术时，即使你刚开始觉得很难，你也没有"失败"。如果你想充分发挥这些冥想术的功效，你只需要把注意力放在自己的内心，努力营造有利于康复的心态。

选择一种冥想术，开始练习

我建议你先通读这一章，然后选择一种冥想术，开始练习。如果你觉得某种冥想术比其他技巧更吸引你，请相信自己的直觉。你不用尝试每一种冥想术，只需要选择自己最喜欢的那一种，每天练一小会儿，至少持续练习一周。通过这种方式，你将深入了解自己的内心，充分发挥冥想术的益处。你可以逐渐尝试这一章里提到的各种冥想技巧，但如果你已经找到了一种能带来平和心态的技巧，那就没有必要画蛇添足了。

你可以把冥想视为一种正式的练习。比如，你可以把冥想作为早上醒来后做的第一件事，或晚上睡觉前做的最后一件事。你也可以随时想起来就做一下冥想。比如，在工作时或在家里，你可以随时停下手中的事，花一两分钟的时间冥想一下。你觉得什么方式最适合自己，那就是你的最佳冥想方式。冥想并不意味着一坐就是半天，你也不必每天都在固定时间练习。只要你愿意尝试冥想，一有机会就做做冥想，你就能体会到冥想的好处。

练　习

静坐冥想（与心为友）

把注意力放在自己的呼吸上，关注每一次吸气和呼气。每当心神开始游移的时候，请温柔地把注意力重新引回到呼吸上。

练习：

· 如果可能的话，尽量保持坐姿。你也可以选择其他让你觉得舒服的姿势。

· 随时随地都可以练习静坐冥想，深入感知自己的思维是如何运作的。

· 可以只练一分钟，也可以一直练下去，只要你觉得舒服就好。

静坐冥想，有时也被称为“正念冥想”（mindfulness meditation），是应用最广泛的冥想术。这也是最简单的冥想术，非常适合初学者。练习方法很简单：保持舒适的坐姿，闭上双眼或面对白墙，把注意力放在自己的呼吸上，注意每一次吸气和呼气。每当心神开始游移的时候，关注自己在想些什么，然后把注意力重新引回到呼吸上。

静坐冥想的目标不是一直关注呼吸。你的心神会游移不定，这是自然现象。即使你是一位经验丰富的冥想练习者，你的心神仍然会四处游移。你可能会发现，自己在安排当天的活动，回顾昨天发生的事情，和想象中的某人交谈，甚至在评论自己的冥想练得好不好。请注意，“评论自己的冥想练得好不好”特别容易让练习者觉得痛苦。

你的任务就是，当自己的心神游移不定时，注意到这一点，但不要苛责自己。“平和的心态”的意思就是，你能意识到自己心神不定、精神不集中。静坐冥想也是一种感知业障的练习。通过静坐和关注呼吸，你可以屏蔽外界的事物，你内心的屏幕上只会显示自己的思维习惯。当内心无法和外界建立联系时，它就会按照既定的思维套路行事，用和当下没有关系的故事、回忆、幻想、忧虑来打扰你。

每当你发现自己心神不定的时候，你就可以意识到一点：想法并不等于现实。如果想法曾给你带来不必要的压力和痛苦，那这无疑是个好消息。你的脑海里浮现出了一个故事，并不意味着你得让这个故事成真。你可以选择不让各种回忆、幻想、忧虑影响到自己的情绪，你可以选择把注意力重新集中在呼吸上。

每当你把注意力引回呼吸的时候——请记住，这不是因为你练习冥想“失败”了，而是因为你知道这么做能安慰心灵。当你用呼吸让内心得到休憩的时候，你就通过消除业障获得了平和的心态。这种冥想术会让你知道，自己的心灵深处是个安全的避难所。它会告诉你，心灵怎样才能安静地栖息。你拥有内在智慧，能意识到心灵什么时候为自己带来了痛苦。你也拥有自我怜悯的能力，能把注意力重新引回到呼吸上。

如何练习

如果你准备尝试这种冥想术，练习只需花不到一分钟的时间。保持舒适的坐姿，闭上双眼，开始把注意力放在自己的呼吸上。请注意你吸气和呼气的感觉。如果你觉得对自己有帮助的话，也可以在心里默默重复"吸气、呼气"。一旦你发现自己开始胡思乱想了，那就恭喜你。因为，你已经迈出了"与心为友"的第一步。接下来，请把注意力重新引回到呼吸上。继续这么做下去。每当你发现自己心神不定的时候，请你开心，而不是沮丧。像释放屏住的气息或放松紧绷的肌肉一样，温柔地放下这种想法。当你把注意力重新引回到呼吸上时，请对自己表示怜悯。如果你很难放下某些想法，请注意到这一点，但别苛责自己，而要祝福自己："愿我摆脱这些想法。"

你可以继续做这个练习，时间长短完全依你的喜好。如果你担心自己会睡着，也可以设一个闹钟。

黛安娜的故事：想法也会造成伤害

黛安娜热爱戏剧。她今年24岁，刚刚大学毕业，目前做着三份兼职——她既是服装设计师、戏剧教师，又是当地剧院的经理。她尽管过得忙忙碌碌，但毕竟是梦想成真了。

然而，一场车祸打破了她的美梦。车祸给黛安娜留下了多处骨折，还有其他一些伤痛。尽管每个人都向黛安娜保证，过一两个月她就会好起来，但即使是在骨折愈合后，她每天仍然会感到疼痛和肌肉僵硬。她无法停止服用止痛药，而且一直觉得医生可能没把自己治好。

医生告诉黛安娜，她完全可以重返工作岗位。但是，她很难让生活重回正轨。事故发生之前，她可以很轻松地从一个兼职岗位赶往另一个兼职岗位，甚至可以熬夜做项目。她觉得做这些事是轻而易举的，而且这些事充满了乐趣。但现在，她觉得自己慢了下来，像是被什么东西拖了后腿。黛安娜觉得，她成了自己“残破身体”的奴隶。她常常发现自己有这样的想法：疼痛毁了一切。黛安娜每时每刻都很愤怒，会因为一些鸡毛蒜皮的小事和朋友、同事争吵。对于这种愤怒，她给自己的理由是：“没人能理解我的痛苦。”

黛安娜一直忍受着事故后遗症的折磨。她无视保险公司的调查结果，不顾事故中双方都有责任的事实，坚信事故完全是那个司机的错。她幻想着找他报仇。她痴迷于这个幻想，但同时又感到羞愧。有时候，她会在脑海里重现事故当晚的场景，想象如果事情朝另一个方向发展会怎么样。在有些场景里，她没有碰上事故；在另一些场景中，她没有幸存下来。但是，这些场景都没有让她接受现状，也没有让她感觉好起来。它们只是在不断提醒她，生活是多么危机重重，又是多么不可预测。

黛安娜的经历是一个典型的例子，说明了内心可能是个很不友善的地方。黛安娜总在回想那场事故，想着事故如何改变了自己的生活，这为她带来了精神上的痛苦，这种痛苦不比身体上的疼痛轻。这种现象是很普遍的。黛安娜所有的想法和情绪，都是人们面对疼痛时的常见反应。但尽管如此，这些想法和情绪只会加剧痛苦。黛安娜越是任由自己跟着这些想法走，就越会形成根深蒂固的思维模式。黛安娜深信自己的想法是真实的，因此，她没有意识到自己还有另一个选择——选择不被这些想法牵着鼻子走。

通过冥想练习，你将对自己脑海里发生的事情有更深的了解。通过这些了解，你可以关注一下：你平时是怎么和自己谈论疼痛的？你脑海里隔多久会有“这种疼痛永远也不会好起来”的想法？你发现自己是更关注自己做不到的事，还是更关注自己能娴熟应对的事？你是会告诉自己“没人能理解我的痛苦”，还是会感激家人和朋友对自己的支持？对于自己的每种感觉，你是不是会想象出最糟糕的情况？还是说，你并不认为每种疼痛都意味着身体出了问题或情况恶化？

你如何描述自己的疼痛，决定了你能否消除疼痛、治愈身心。比如，如果你总是为疼痛而忧心忡忡，总在想象最糟糕的结果，你就会激活大脑中与感觉、痛苦、压力有关的区域，使它变得对疼痛越来越敏感，从而导致“自我实现的预言”。习惯于把每种疼痛都视为灾难的人，心理状态只会越来越差，疼痛对生活的影响也会越来越大。不过，这些影响是可逆的。通过冥想来改变你对自身疼痛的想法，可以有效地缓解疼痛、改善心态。

当你开始关注自己的“胡思乱想”时，你就会发现，有些想法曾让你饱受痛苦的折磨。其实，你拥有选择权，既可以根据这些想法做事，也可以放下这些想法。当你发现自己被一系列加剧自身痛苦的想法所困时，请记住你从“静坐冥想”中学到的“自我怜悯”技巧——放下这些想法，把注意力引回到呼吸上。你随时随地这么做。其实，你不需要静坐冥想，也可以充满怜悯，成为自己的心灵导师。如果你能定期做一做冥想练习，你就能减少自我怜悯的频率，夺回对生活的控制权。

语音冥想（保护内心）

大声重复或在心中默默重复某些有利于康复的声音、单词或短语。

练习：

- 你可以选择任何姿势，睁眼或闭眼都可以。
- 随时随地关注自己的想法，放下消极的想法，驱散消极的情绪。
- 压力或疼痛袭来时，请转移注意力，寻找安全感、自控感和舒适感。
- 在日常活动中，提醒自己保持有利于康复的想法或情绪。
- 可以睡前在床上练习，这有助于缓解疼痛或压力导致的失眠。
- 可以只练一分钟，也可以一直练下去，只要你觉得舒服就好。

真言是一种有利于康复的声音、文字或短语，你可以大声重复，也可以在心里默默重复。真言关注的是心灵，可以让内心平静下来，因此，语音冥想是消除焦虑、紧张、失眠等症状的最佳疗法。不过，语音冥想并不是立竿见影的。瑜伽修行者认为，重复真言能在心中留下持久的印象。你每重复一次真言，就提醒了自己一个关于康复的基本事实。随着不断重复真言，你会加深对这个事实的认知，并从中汲取你需要的养分。

你可以从很多地方寻找真言，比如宗教经文、歌曲或诗歌。祈祷词就常常被用作真言，因为重复这些语句能给人们带来精神上的慰藉，促进身心愈合。最广为人知的瑜伽真言是“唵”（om）。像很多瑜伽真言一样，“唵”没有独立的意义，但被认为是一种极为神圣、有利于康复的声音。你练习的时候，可以用下面列出的传统瑜伽真言，也可以创造你自己觉得有意义的真言。

如何练习

要练习语音冥想，最简单的方法就是找一个你觉得舒服的姿势，闭上双眼，开始在心中默默重复真言，时间长短完全依你的喜好。

简单地重复某个声音或短语，会自然而然地起到舒缓身心的作用。重复真言的时候，请思考一下它们的含义，这样能让语音冥想充分发挥疗效。当你这么做的时候，你会自然而然地从集中精神重复真言的状态，变成全神贯注体会真言含义的状态。这个时候，你就可以放弃重复某个声音或词语，用真言引起的情绪放松身心。

大声唱诵真言会带给你不一样的感觉。唱诵会让声音在你体内发生共鸣，也会把冥想术变成疗效显著的呼吸术。如果你选择的是发出声音，那就请别担心音调或发音是否正确。只要你自我感觉良好，声音大小根本不是问题。

你如果找到了能激励自己的真言，做其他活动时也可以用上它。真言可以把任何形式的运动，包括瑜伽和散步，都变成动态的冥想练习。即使是家务劳动，比如洗碗或洗衣，也可以变成语音冥想练习。

还有一种方法也可以帮你把语音冥想融入生活，那就是聆听唱诵或演唱真言的录音。你可以在保持瑜伽姿势或日常活动时听录音，当作自己正在冥想。

能带给你平和心态的语音

下面是一些传统的瑜伽真言，它们能带给你平和的心态，帮助你的身心实现康复。由于声音本身就有治疗效果，所以我写出了每句真言的发音方式。关注真言的含义也会起到治疗的作用。为了帮助你理解真言的含义，我还列出了每句真言的“意译版”。你既可以用梵文练习语音冥想，也可以用“意译版”来练习。

Om(读作“唵-姆”或oh-mmm)。这句真言代表万物之间的联系。请注意，“mmm”表示要延长一段时间。你唱诵时应该强调“mmm”，而不是只延伸元音“oh”。你可以大声重复这句真言，也可以在心里默念。想象一下万事万物相互联系的感觉。意译：“阿门（Amen）。”

Sat nam(读作saht nahm或sah-tah nah-mah)。这句真言代表一个人真正的智慧和喜悦。请注意，最后发出的“ah”是喉咙中的共鸣声。你可以大声重复这句真言，也可以在心里默念。你可以想象一下“万物的本质很好”，“我的本质很健康，很圆满”。意译：“我已经痊愈了，已经圆满了。”“健康、喜悦和智慧是我的本质。”

So hum(读作so huh-mmm)。这句真言代表呼吸的声音。和大多数真言不一样，这句真言只能在心里默念，不能大声重复。吸气的时候，心中想着或倾听“so”的声音；呼气的时候，心中想着或倾听“hum”的声音。想象气息在你体内流动，想象你获得了很多能量。意译：“吸气，呼气。”

Om shanti om(读作oh-mmm shahn-tee oh-mmm)。这句真言代表平和的心态，以及与别人共享和平的愿望。你可以大声重复这句真言，也可以在心里默念。想象一下接受别人、原谅别人的感觉，或与别人和平共处的感觉。意译：“吸气的时候，我选择和平。呼气的时候，我选择放下。”

Om mani padme hum(读作“唵嘛呢叭咪吽”或oh-mmm mah-nee pahd-may huh-mmm)。这句真言代表对受苦受难之人的同情和怜悯，亲身感受他们的痛苦，祝愿他们摆脱痛苦。你可以大声重复这句真言，也可以在心里默念。想象一下怜悯自己、同情他人的感觉。意译：“我保持开放的心态。愿我摆脱这种痛苦。”

打造属于你的语音

任何让你感到安全、爱意、坚强、勇气、快乐、平和的词语，都可以成为你的真言。你有特别喜欢的祈祷词、诗句或激励人心的格言吗？要打造属于自己的真言，还有另外一种方法，那就是问问自己：“我需要听到些什么？”如果只要某个想法是真实的，你的痛苦就能得到缓解，那么这个想法是什么？你怎么用一个词或一个句子来表达这个想法？

花几分钟的时间，把你想到的真言写下来。你可以试着在冥想练习中用上这些真言。

修心冥想（扭转心态）

体验一种有特殊治疗效果的想法、感觉或情绪。

练习：

· 你可以选择任何姿势，睁眼或闭眼都可以。

· 如果你想体验特定的心态，随时随地都可以练习修心冥想。

· 早上醒来后，你可以用修心冥想来开启新的一天；晚上睡觉前，你也可以把修心冥想当作结束这一天的个人仪式。

· 呼吸、动作或放松练习中都可以加入修心冥想，它是大多数瑜伽术的有益补充。

· 每天只需练习几分钟。如果你能坚持每天练习，修心冥想就能最大限度地发挥疗效。

下面的冥想练习将教你用记忆和想象力创造一种特殊的心理状态，比如感激或喜悦。

主动选择一种情绪和自发产生一种情绪，带来的效果是一样的。很多人都觉得这一点难以置信。实际上，你主动选择的情绪和由外部事件触发的情绪一样真实，会对你产生同样的影响。这既是个坏消息，也是个好消息。

之所以说这是个坏消息，是因为这些情绪与紧张、愤怒、焦虑等不愉快的心态一样真实。你可能已经注意到了，光是想一想会给自己压力的事，你就会觉得愁云惨淡，就像那件事真发生了一样。面对这种自发形成的痛苦，人们往往不会质疑它的真实性。我们都有过类似的经历，都知道这种痛苦是真实存在的。

之所以说这是个好消息，是因为感激、喜悦等积极的心态，无论是由外部事件触发的，还是你自己主动选择的，都能发挥神奇的疗效。比如，每天晚上回想一下值得自己感激的事，就能让身体和情绪发生积极的变化。研究还表明，如果你在冥想过程中学会了选择积极的心态，在平常生活中，你也能自然而然地保持这种心态。

你越是通过练习修心冥想选择积极心态，就越能意识到这是一种很有用的瑜伽术。我在下面列出了几种冥想术，它们会帮你保持感激、喜悦的心态，赋予你勇气，让你有与万物相连的感觉。

感激和喜悦的冥想练习

在人们能感觉到的所有积极情绪（包括兴奋、希望、自豪、快乐、爱意等）里，“感激”是最容易选择的。你无须改变生活中的任何东西，因为每个人都有值得感激的东西。每当你想获得内心深处的喜悦时，请先从体验“感激”开始。下面的冥想练习可以帮你集中注意力，充分体验感激和喜悦之情。

回想一下你生活中值得感激的事物，对每件事物表示感激。你的练习方法可以是冥想，也可以是把它们写下来——每天坚持写一点，让你的感激清单变得越来越长。

当一天结束的时候，回想一下你最喜欢的片段，包括你开心、幽默、和别人联系、学习新东西的瞬间，还有完成工作所带来的满足感。想起每个片段，都请在心里默念“谢谢你”。

回想一下你接受别人感谢的场景。当你想着那个场景的时候，回想一下被别人感谢是什么感觉。看看你现在能不能通过保持那段记忆，重新体验那种感觉。然后，想一想你在生活中有哪些应该感谢的人。想象你对每个人表示感谢，想象他们会有什么感觉。请仔细品味，你在感谢别人和接受别人的感谢时有什么感觉。

回想一下你觉得特别快乐或极为平静的场景。当你想着那个场景的时候，回想一下具体的细节，请记住你的身体有什么感觉。看看你现在能不能重新体验那种感觉。然后，再看看你能否删除记忆的细节，只让身体保持那种喜悦、平静的感觉。

回想一下你大笑的场景，或者想象一下自己因为某件事而大笑。请记住，你在大笑的时候身体有什么感觉。看看你现在能不能重新体验那种感觉。你可能发现自己正面带微笑，甚至正在大笑！

完成上面的冥想练习后，重新把注意力放在呼吸和身体上，看看你能不能让身体保持感激、喜悦的感觉。请注意，这些感觉来自你的头脑和保持开放的内心。感激和喜悦不是外界带给你的感觉，而是你内心深处滋生的感觉。结束冥想练习的时候，请提醒自己“喜悦是我的本性”。

勇气和“与他人相连”的冥想练习

你可能觉得，“勇气”和“与他人相连的感觉”根本没关系。在传统文化中，人们往往把“承担风险的勇气”和“敢于为自己出头”画上等号。这么做固然没错，但这并不是我们大多数人想要的勇气。我们想要的勇气是一种“无论发生什么事，我都能搞定”的感觉。这种勇气并非源于你多想高空跳伞，多想为自己想要的东西而战，而是源于一种与他人相连的感觉。当你知道自己正在做的事和别人有关时，你就更容易鼓起勇气，面对生活的挑战。反过来说，恐惧往往源于与世隔绝的孤独感。如果你觉得自己是唯一面临困境的人，你就会更容易陷入恐惧。

很多种冥想练习都能带给你“与他人相连”的感觉。这些练习能增加你的勇气，让你勇于面对日常的挑战、疼痛和疾病。

回想一下你觉得和其他人、动物或大自然相关的时候，回想一下你体会到亲情、爱情、感激、与别人亲近或觉得自己是世界一分子的时候。当你想着那些片段的时候，请记住你的身体有什么感觉。看看你现在能不能重新体验那种感觉。

当一天结束的时候，花点时间回想一下当天和你交流过的人。你可以回想任何人，只要是自然而然地想起他，或觉得和他特别亲近就行。你可以在心里默默地说："像我一样，这个人也希望身体健康；像我一样，这个人也希望得到快乐；像我一样，这个人也希望摆脱痛苦；像我一样，这人也希望内心平静。"当你体验"与他人相连"的感觉时，请加上一句友善的祝福："祝你健康，祝你快乐，祝你摆脱痛苦，祝你内心平静。"这种冥想的效果非常显著；它能帮助你原谅别人、建立友谊，也能让你感觉与整个世界紧密相连。

如果你想获得勇气，请回想一个对你来说最重要的人，或因为你勇于面对恐惧而受益的人。尽量去感觉你和每个人的联系，去体验亲情、感激、怜悯和责任感。接下来，用行动去展示你的感觉吧，看看你的勇气是怎样油然而生的。

回想一个正在忍受疼痛折磨，需要鼓励、支持或治疗的人。想象一下这个人的样子，带着怜悯对他表达良好的祝愿。请在心中默默重复："愿我今天的所作所为能通过某种方式帮助他获得健康和幸福。"即使你的所作所为和这个人能否获得幸福没有逻辑上的联系，那也不要紧。单单是这种奉献精神就能让你鼓起勇气，加强你和这个人的联系。

想一想某个经历过的巨大挑战，或体验过剧烈痛苦的人。想象一下这个人面对挑战或痛苦时需要怎样的勇气。允许身体去感受一下，如果你拥有这种勇气会是什么感觉。允许身体去感受一下你对这个人的仰慕之情。你和他一样，也拥有应对各类挑战的能力。在心里默默重复："像我一样，这个人也经历过恐惧；像我一样，这个人也有过疑虑；像这个人一样，我也有足够的勇气和能力，愿意面对当下的挑战。”

回想一下你勇于付诸行动的时候，或者你因为完成一项困难的任务而对自己非常满意的时候。当你想着那些片段的时候，请记住你的身体有什么感觉。看看你现在能不能重新体验那种感觉。

当你找到一种能培养希望和勇气的冥想方法后，请每天坚持练习，至少持续一周。这样，你才能播下勇气和“与他人相连”的种子，并培养它们渐渐长大。请注意观察，随着时间的推移，冥想练习对你的身心有何影响。

其他的修心冥想练习

你也可以打造属于自己的冥想练习，培养你想要的心理状态。你只需要遵循修心冥想的两个基本原则：（1）关注能反映这种心态的词语或想法，回想一下你产生这种感觉的情景，或能引起这种心态的人或事；（2）关注伴随这种心态出现的想法、记忆和图像。

修心冥想的反应

在各种各样的瑜伽练习方法中，修心冥想是最有疗效的一种。不过，很多人在刚开始练习修心冥想时，都觉得这种做法很不自然。如果你觉得自己在假装有某种情绪，或是让某种情绪匆匆走个过场，那也不用担心，不要想当然地认为修心冥想没有见效。

修心冥想就像种花。第一次尝试冥想的时候，你就种下了积极情绪的种子。今后的每次冥想，就像在为种子浇水，为种子生长营造良好的环境。即使种子正在不断生长，你也不会马上看到结果。随着时间的推移和持续的精心照料，种子会长出强健的根系，美丽的植物也会钻出地表。

这也是修心冥想背后的原理。到某个时间点，种子就会在你的心中扎根，会从你的想法、情绪、行动上表现出来。所以，即使你刚开始练习的时候觉得不太自然，那也不用担心。种下种子，精心培育，然后耐心等它长大吧。

修慧冥想（朝反方向扭转心态）
缓解慢性疼痛、消除消极情绪的冥想技巧

先关注（或想象）一种感觉、情绪或想法，再把注意力移到相反的感觉、情绪或想法上。这样来回切换几次，培养一种“我欢迎所有的人生体验，但选择关注当下体验”的能力。

练习：

· 随时随地都可以练习，有助于培养修复情绪、转移痛苦的技巧。

· 在感到紧张、痛苦或出现其他消极情绪的时候，你都可以使用这种技巧。

· 练习时间长短不限，可以根据你的期望或需要进行调整。

修慧冥想能提升你的注意力，培养你的想象力，让你获得不一样的人生体验。这种冥想旨在帮你认识到一个事实：内心是你安全的避风港，你能够从容应对当下的挑战，不必被自己的想法或情绪所困。

这是一种极具挑战性的冥想术。你应该循序渐进地练习，逐步提高练习时的舒适感和自信心。坚持练习静坐冥想，将为练习修慧冥想打下坚实的基础。

修慧冥想包括两种技巧：第一种是保护性技巧，教你如何转化想法、感觉和情绪；第二种是康复性技巧，可以在受疼痛和消极情绪折磨时使用。但有一点非常重要：千万不要选自己情绪最低落的时候练习保护性技巧。你首先要熟悉这种冥想术并培养娴熟的技巧，然后才能在你最需要的时候使用这种技

巧。因此，如果你的身心正在经历剧烈的痛苦，请先不要尝试学习这种冥想技巧。

保护性技巧：反向思考

请注意，在练习修慧冥想的这种技巧时，你应该只是想学会转化痛苦，而不是消除此刻的痛苦。

先选一个舒服的坐姿或休息的姿势，花几分钟时间放松身体，把注意力放在呼吸上。如果你已经做好了准备，那就开始集中注意力，感觉（或想象）下面这些相反的身心状态。请记住，你能完全掌控这个练习。你可以自由选择哪些身心状态是你想探索的，哪些身心状态是你想跳过的，也可以在任何时候改变冥想的焦点。

相反的身体感觉

- 轻盈/沉重
- 静止/运动
- 温暖/凉爽
- 不适/舒适
- 紧张/放松

任意选择一组相反的状态，开始你的冥想练习。针对前一个状态，请问自己：“目前我身上有没有出现这种状态？哪个部位处于这种状态？这种状态给我什么样的感觉？”如果你目前没有处于这种状态，请回想一下你处于这种状态时的样子。回想一下你当时是什么感觉，你的感受、想法和情绪是什么样的。体验过这种状态下的感觉后，请切换到相反的状态，重复同样的过程。然后，切换回前一个状态，重新体验一下那种感觉，再切换到后一个状态，重新体验一下它给你的感觉。你可以按照自己的喜好，来回切换多次。你甚至可能会发现，自己能同时感觉到两种相反的状态。体验完一组状态后，你或者把两种状态都放下，或者在一种状态上保持并休息一会儿，然后再继续探索下一组状态。

只要你愿意，你可以多探索几组状态。练习结束后，你只需要安静地休息一会儿，把注意力放在身体上，不要试着去控制自己的注意力或感觉。请注意此时此刻你的身体有什么感觉，什么东西自然而然地吸引了你的注意力。你可以在这一步结束练习，也可以把注意力转移到相反的状态上去。

探索相反的感觉，对于缓解身体疼痛是很有帮助的。通过这种练习，你可以学会在疼痛袭来时把注意力放在其他感觉上。

相反的心理状态

说到相反的心理状态，通常是一种状态令人愉快，另一种状态令人不快。在日常生活中，你可能会试着去避免让自己不快的心态。但无论如何，令人不快的心态总会不请自来。你可能会觉得，有意识地去欢迎这些心态，不但很愚蠢，而且很可怕。事实上，我们一直在做这种事，只不过是无意识地在做。每当你的心智游移到过去或未来时，你就给自己营造了一种非常真切的情绪，而这种情绪和此时此刻发生的事情没有半点关系。如果你走上了这条不归路，任由每个稍纵即逝的想法摆布，你就会觉得内心更像是个危险的雷区，而不是个安全的避风港。

有意识地探索不同的心理状态，你就能学会摆脱消极情绪，克服它们对自己的影响。你会渐渐发现，它们只不过是稍纵即逝的东西。它们可以像风一样掠过你的身体，却不会因此界定你的人生或控制你的生活。通过练习在相反的心理状态之间来回切换，你将加深对内在智慧的理解，让它来指导你的内心活动。

- 平静/感到压力
- 快乐/悲伤
- 感激/愤怒
- 希望/失望
- 被爱/寂寞
- 勇敢/恐惧
- 自信/自我批评

刚开始练习时，请选择你觉得最容易接受的那组状态。请先问问自己："目前我有这种状态吗？我身心的某个地方能感觉到这种状态吗？"如果这种状态目前存在，那就问问自己有什么感觉。如果这种状态目前不存在，你也可以回想一下自己有这种感觉时的状态，或自己处于这种状态时的感觉。与此同时，请注意这种心理状态给你的身体带来什么样的感觉。

几分钟后，切换到相反的心理状态，重复同样的过程。此时此刻，你身心的某个地方能感觉到这种状态吗？你能回忆起有类似感觉的时刻吗？当切换到"令人不快"的心理状态时，请温柔友善地对待自己。请记住，你可以随时切换回"令人愉快"的心理状态。

如果你选择回忆有类似感觉的时刻，你可能会想起当时发生了什么事，为什么你会有这种感觉。请尽量避免迷失在昔日的记忆中。你只需要用记忆来触发当时的感觉，然后忘掉具体的故事，只留下那种心理状态。如果你发现自己纠结于故事本身，就请回想一下"静坐冥想"的练习，把注意力放在呼气和吸气的感觉上，让那种纠结自然而然地消失。

探索完"令人不快"的心理状态后，请切换回"令人愉快"的心理状态。请注意，有没有哪个状态让你感觉特别难以抽身？通过集中精神和不断练习，你将更容易、更迅速地改变身心状态。在积极的状态停留一会儿，休息一下，让身体充分体验这种感觉。然后，重新把注意力放在此时此刻身体和呼吸的感觉上，以此来结束这个练习。

通常情况下，只探索一组状态是不够的。只要你愿意，你也可以多探索几组状态。完成练习后，你只需要安静地休息一会儿，把注意力放在自己的身心上。不要试着去控制自己的注意力或感觉。请注意，此时此刻你的身体有什么感觉，什么东西自然而然地吸引了你的关注，通过这个练习你对自己有了哪些认识。如果这个冥想练习引出了你重要的记忆、强烈的情绪或深刻的见解，你也可以花一点儿时间把它们写下来，或是和你信任的人分享这些体验。这些做法都会对你很有帮助。

康复性技巧：让轻松取代当下的痛苦

当受到疼痛和消极情绪折磨时，你也可以采用下面的修慧冥想技巧。

最开始的时候，请选择一个你觉得最舒服、最安全、最温暖的姿势。本书第六章为你提供了一些可供选择的放松姿势。

感知当下的身心痛苦

这个练习最重要的一点，就是感知你想切换到的那个身心状态。“切换到某个状态”和“抑制当下的状态”可不是一回事。如果你试着去阻止某种感觉，这种感觉反而会变得更强烈。因此，练习时请以你现在的身心状态为基础。此时此刻，你的内心与身体处于什么状态？请注意自己此时此刻的每一种感觉、想法和情绪，包括那些给你带来痛苦的部分。请注意观察它们是怎样在你内心与身体里来来去去的，就像观察气息是怎样在身体上进进出出的一样。

无论你有什么样的感觉，请为这些感觉创造一个安全的避风港。这并不意味着你要思考自己为什么会有这种感觉，这种感觉究竟暗示了什么，恰恰相反，你只需要继续关注自己的身体和呼吸，注意疼痛或情绪给你带来了什么样的感觉。做这个练习时不要给自己设定时间：有时候，10次呼吸的时间就够了；有时候，你得花上10分钟才行。你要寻找的东西，就是接纳自己的感觉、想法和情绪，甚至是欢迎它们。当你觉得自己不再试着去反抗或阻止这些感觉时，就说明你已经为进入下一阶段做好了准备。

选择一组相反的状态

请问问自己："如果我已经完全摆脱了疼痛（压力、疲劳、愤怒或恐惧），我会有什么感觉，又会想些什么？哪些身心状态能让我感觉好起来？"这个问题的答案可以是舒适、温暖、充足的能量，也可以是接纳、宽恕、感激、勇气。你应该把这个答案作为冥想时关注的焦点。你可以选一组相反的状态进行探索，但同一时刻只关注一种状态。

营造一组相反的状态

请回忆一下，你分别处于相反的两种状态时有什么感觉。你可以回想一下自己有这种感觉时的状态，也可以回忆一下你处于这种状态时的感觉。如果某幅图、某个人、某句真言或某件东西能激起这种感觉，你不妨把注意力放在它上面，体验一下伴随这种状态出现的身体感觉，感受它如何洗涤你的身心。请保持这种状态，时间长短由你自己决定。

欢迎相反的状态

让注意力回归当下，体会此时的感觉，以此来结束冥想。不要试着去控制自己的想法和感受，你只需关注此时此刻发生的事情。你可能会发现，自己感觉更平静、更轻松了。你也可能发现，自己回到了刚才选择的一种状态。不要强迫自己出现任何想法或感觉，也不要抵制自然而然出现的想法或感觉。再次告诉自己，你能够应对所有的感觉、想法和情绪，也可以自由选择走上治愈之路，以此来完成这次冥想。

吉姆的故事：疼痛的反面

吉姆是一位美军退伍士兵，刚刚从伊拉克战场返回国内。他在一场路边的爆炸袭击事件中失去了左臂。截肢两个月后，他偶尔还能感觉到自己的左臂，觉得左臂还是身体的一部分。不幸的是，他无法控制这条手臂。每当感觉到并不存在的左臂时，他都会觉得它异常紧张、肌肉僵硬。很快，紧张变成了疼痛和肌肉抽搐，还伴随着又胀又热的感觉。

吉姆参加了一个帮助老兵回归平民生活的康复计划。作为这个计划的一部分，他学到了一种应对幻肢疼痛的观想技巧。这种技巧用到了“反面原则”，和修慧冥想有异曲同工之妙。

吉姆学会了把右臂的无痛感视为左臂幻肢的疼痛感的反面。每当感觉到并不存在的左臂时，他就会转而关注放松、平静的右臂。关注右臂的感觉时，他会想象左臂也渐渐放松下来。接下来，他会活动一下右臂，关注活动手臂是多么轻松。在活动右臂的同时，他会想象左臂也在轻松地运动。最后，他会想象自己先舒展左臂，然后放在体侧，放松肌肉，五指张开。

这种冥想练习通常能明显缓解幻肢疼痛。经过几个月的练习，吉姆已经基本上摆脱幻肢疼痛了。

目前，许多临床研究都在探索类似的冥想技巧。这些技巧不但能缓解幻肢疼痛，还能消除很多种慢性疼痛。研究人员发现，想象力是一种威力无穷的工具——它不仅可以缓解疼痛，还可以改变大脑应对疼痛的方式。

受到疼痛折磨时，你可以把注意力放在哪些相反的感觉上？你可以想象这些感觉蔓延到身体疼痛的部位吗？学习类似的技巧要花不少时间，但只要你拥有开放的心态，你就会发现，想象力确实能带来真正的转变。

把上述练习结合起来

现在，你可以打造属于自己的个性化瑜伽练习了。你已经掌握了所有必备的工具，能整合出一套重塑身、心、灵的瑜伽套路了。在下面一章里，我将告诉你怎样把“与身体为友”、呼吸、运动、放松、冥想练习中你最喜欢的部分抽出来，整合到一起。

第八章

打造个性化瑜伽术

随着你探索的练习方式越来越多，你很快就会发现，并不存在所谓的“正确方式”或“神奇公式”。请相信你的身体和你的内在智慧吧，勇敢地去创造前所未有的、只属于你的瑜伽练习法。

如果你想确保自己获得健康和幸福，最好的方法无疑是打造一套个性化的瑜伽练习。在这一章里，我将帮你整合出一套只属于自己的瑜伽练习，其中包括下面4类练习。

1. 找回归宿感的练习。你只需花短短几分钟时间，就能和身、心、灵建立联系。

2. 瑜伽仪式。你可以用它来开启或结束每一天。

3. 较长的保护性练习。它可以提升你的活力和耐力，让你获得智慧和喜悦。

4. 有疗效的康复性练习。你可以在身体疼痛、筋疲力尽、情绪失控时做这种练习。

你或许会发现，某种练习比其他3种效果更显著，那么，请坚持这种练习吧。又或许，你会决定把4类练习都纳入自己的生活中。你不需要每天花很长的时间练瑜伽，也不需要每天都用同样的方式练习。有些时候，你会想做一段简短的练习；有些时候，你会想花30分钟或更长的时间做练习；有些时候，你会想做一次高强度的练习；有些时候，你会想做一次比较温和的练习。这4类练习将为你提供多种选择，你可以选择满足自己需要的那一种。

针对每一类练习，我都提供了易于遵循的示范和打造个性化瑜伽练习的指导。你可能不愿意相信自己的判断，不敢独立打造个性化瑜伽练习。我的学生们常常告诉我，他们觉得自己对瑜伽没有足够的了解，无法打造属于自己的瑜伽练习，所以希望我能提供一套“正确”的练习计划。如果你也有同样的感觉，那不妨跟着示范走。随着你探索的练习方式越来越多，你很快就会发现，并不存在所谓的“正确方式”或“神奇公式”。请相信你的身体和你的内在智慧吧，勇敢地去创造前所未有的、只属于你的瑜伽练习！

找回归宿感的练习（“立竿见影”瑜伽术）

找回归宿感的练习是一种很简单的瑜伽术，能帮助你实现身、心、灵的结合，带领你回归此时此刻的身体状态和呼吸状态，有助于消除压力、疼痛和痛苦。找回归宿感的练习能让你马上感觉好起来。这种练习最多只要花几分钟时间，而且在什么地方都可以练。它可以是你在这本书里学到的瑜伽术，也可以是你从别处学到的瑜伽术。最重要的是，它是你随时随地都能用得上的瑜伽术。

选择自己最喜欢的练习和问题

下面的一些点子能帮你和身心灵重新建立联系。

- 感知自己的呼吸（第30页）
- 喜悦呼吸术（第46页）
- 拜日式（第102页）
- 辅助倒立式（第132页）
- 静坐冥想（第150页）
- 用你最喜欢的真言做语音冥想（第155页）
- 你可以选择冥想练习中自己最喜欢的一个短语，比如“我已经圆满了，已经痊愈了”；你也可以选择反思过程中自己最喜欢的一个问题，比如“我还有什么需要注意的吗？”

只选择一种练习方法

只选择一种练习方式真有那么重要吗？是的。回归内在的练习能发挥多大的疗效，完全取决于你能倾注多少注意力、多少能量。这就需要坚持不懈、始终如一地练习。你越是“回归”这种练习，它就越能为你带来安慰。随着时间的推移，你的身心会把这种练习和放松身体、缓解疼痛、心态平和联系起来。这种练习的好处也会变得越来越明显，越来越直接。

只选择一种练习方式会让你更容易记得用它。如果你有很多种选择，每种练习方式你都只试过一两次，那么，当你真正需要它们的时候，你就会发现，自己并没有从中获得任何好处。但如果你知道有一种方式能让自己内心平静、能量充沛，你就会充满自信地运用它。

下面的问题将帮助你找到一种属于自己的回归内在练习。

- 哪种瑜伽练习能让你立刻感到幸福、平静？

• 如果说你下半辈子都只能练这本书里介绍的一种瑜伽练习，你会选择哪一种？

• 每天什么时候你感觉压力最大，疼痛最难忍？想一想你这个时候可能在什么地方，在做什么事？这个时候你最适合做什么样的瑜伽练习？

• 哪种练习最容易让你和身体、头脑、呼吸、内在智慧、喜悦重新建立联系，最能给你回归内在的感觉？

• 回过头看一看这本书里每一章介绍的瑜伽练习，从第三章的呼吸术开始。浏览一下练习说明，回想一下你试过或准备尝试的瑜伽术。你觉得每一章里最醒目的是什么？最吸引你的是什么？给每一章里最能抓住你眼球的瑜伽术标上五角星。它最简单的练习方法是什么样的？

• 花几分钟放松身体、感知自己的呼吸或做一下冥想，让精神高度集中，然后问问自己：“哪种练习让我最有归宿感？”请相信内在智慧给你的指引。

如果你已经有了一些想法，不妨拿出一周的时间来，每天尝试一种瑜伽练习。你可以问问自己，这种练习对你有没有帮助。你能坚持练习吗？这种练习给了你什么感觉？当一天结束的时候，你的感觉如何？

一旦你选定了一种给自己归宿感的练习方式，就请保证每天至少练一次。这么做能强化你和它的联系，让它的疗效更加显著。你可能把它当作每天早上醒来后做的第一件事，也可以把它纳入每天晚上睡觉前的例行公事。你可以选择一个外界信号来提醒自己做练习，比如每次闹钟响的时候，每次查收电子邮件之前或每顿饭前。无论你选择的练习方式是什么，都请让找回归宿感的练习成为你生活的一部分。

把瑜伽当作每天必做的仪式

瑜伽仪式本身就具有治疗的效果。当你把瑜伽变成每天必做的仪式时，它就能为你提供生活的目标和意义。瑜伽可以在每天早上练习，为接下来的一天设定目标，也可以在每天晚上练习，为你消除一天的压力，为养生睡眠做好准备。

和找回归宿感的瑜伽练习比起来，瑜伽仪式要更正式一些。不过，瑜伽仪式也应该是很简短的（持续15分钟或更短的时间），而且比你想象中更简单。最重要的一点是，瑜伽仪式会不断提醒你为什么要练瑜伽。最适合你的瑜伽仪式能重塑身心，让你更快乐、更勇敢地生活下去。

在这本书里，你读到过很多人的故事，看到了他们是怎么用瑜伽应对压力和痛苦的。很多故事里都出现了瑜伽仪式。

- 贾森的故事（第四章）：为了找到生活和工作的平衡，贾森每天早上都会静坐冥想。

- 格雷格的故事（第五章）：为了缓解肌肉僵硬、膝盖疼和背疼，格雷格每天下班回家后都会做一套15分钟的动作。

- 梅根的故事（第六章）：为了更好地应对焦虑，特别是疼痛袭来的时候，梅根把“有意识放松术”变成了自己生活的一部分。

- 路易莎的故事（第四章）：为了练习“与身体为友”，路易莎每天都会进行自我怜悯的冥想。她在床边放了一张感激身体的清单，每天睡前都会往上面添一件值得感激的事。这是她每天必做的仪式。

- 安的故事（第三章）：为了解决失眠问题，安每天晚上都会做有助于呼吸的伸展运动，每天躺上床后都会做呼吸观想练习。这个仪式能帮助她入睡。

打造你自己的早间瑜伽仪式

下面的一些点子能帮你打造适合每天早晨练习的瑜伽仪式。

- 感知自己的呼吸和身体，会为你带来充沛的能量，帮助你面对崭新的一天。选择一种你最喜欢的呼吸术，然后在第五章里选择一个或多个你最喜欢的姿势。

- 静坐冥想很适合作为每天早晨的第一件事。它可以让你思维更清晰，注意力更集中，让你在接下来的一天里做出有利于自己健康和幸福的选择。

- 修心冥想可以为你设定一天的目标。你每天选择关注的第一件事，会影响你接下来一天里的体验。你觉得哪些冥想练习最有吸引力？在这些冥想练习里选一种，使它成为你每天早晨的例行公事。无论你是躺在床上练习，还是起床后再练习，它都能发挥神奇的作用。

- 选一件你现在每天早上都做的事，比如淋浴、煮咖啡、做早餐，一边做这件事一边进行语音冥想。

打造你自己的晚间瑜伽仪式

下面的一些点子可能对你打造晚间瑜伽仪式有所启发。

- 放松练习有助于缓解一天的压力，为你进入梦乡做好准备。选择一个或多个你最喜欢的养生瑜伽姿势，把它和能给你带来平和心态的冥想术或呼吸术结合起来。

- 夜晚特别适合与自己的身体为友。你觉得本书第四章介绍的哪些反思或冥想练习最有吸引力？每天晚上把自己的反思写下来，或每天晚上坚持做冥想练习。

• 很多瑜伽练习都可以躺在床上做，而且很多练习都会让人昏昏欲睡。最适合睡前进行的练习是放松呼吸术、全身呼吸术、有意识放松术、语音冥想、修心冥想和修慧冥想。

下面的一些问题能帮你找到适合自己的瑜伽仪式。

• 你为什么选择练瑜伽？你练瑜伽的目的是什么？你从这本书里学到的瑜伽练习中，哪种对你最有帮助？哪种最能反映你练习瑜伽的目的？

• 你在每一章尝试过的瑜伽练习中，哪种最能让你燃起希望？哪种为你提供的能量最多？你可以从中选择一种，也可以把它们都结合起来，打造属于自己的早间瑜伽仪式。

• 这本书里介绍的哪种瑜伽练习让你的身体最放松、心态最平和？哪种最能让你摆脱疼痛、缓解压力？你可以试着把它作为自己的晚间瑜伽仪式。

• 哪种瑜伽练习最能让你感知自己的内在智慧，也就是指导头脑、倾听身体、选择和平心态的能力？你可以试着把它作为自己的早间或晚间瑜伽仪式。

• 哪种瑜伽练习最能让你感知自己的内在喜悦，也就是感激自己和他人、愿意直面生活并与万物相连的能力？你可以试着把它作为自己的早间或晚间瑜伽仪式。

• 花几分钟的时间放松身体，感知自己的呼吸或做一下冥想，让精神高度集中，然后问问自己："最适合我的瑜伽仪式是什么？"请相信内在智慧给你的指引。

你可以把自己的早间和晚间瑜伽仪式记录下来，这么做会对你很有帮助。如果你愿意的话，你也可以在下一页的空白部分描述自己设想的瑜伽仪式。

你的早间瑜伽仪式

早间瑜伽仪式将为你提供生活的目的和意义。请用这一页来设计自己的瑜伽仪式，或写下你认为瑜伽是如何影响你的身、心、灵的。

只有带着喜悦和热情坚持练习一种瑜伽术，你才能知晓它的全部益处。

——帕坦伽利《瑜伽经》，公元2世纪

你的晚间瑜伽仪式

晚间瑜伽仪式将让你用自我保健和自我治愈来结束一天。请用这一页来设计自己的瑜伽仪式，或写下你认为瑜伽是如何影响你的身、心、灵的。

获得智慧和摆脱痛苦是一个渐进的过程。

——帕坦伽利《瑜伽经》，公元2世纪

保护性练习——提升你的耐力和愈合能力

保护性练习是一种较长的平衡瑜伽术，能加强你与身心灵的联系。这种练习是呼吸、动作、放松和冥想的平衡，能提升你的忍耐力和愈合能力，帮助你应对未来的疼痛和折磨。它还能提升肌肉力量，扩大运动幅度，增加身体感觉，让呼吸更自然，使情绪更积极，从长期来看有助于改善身心状态。你可能没有办法每天都抽出比较长的时间来练习，但你可以坚持定期练习，最好至少一周两次。

保护性练习示范

你可以从下面的5套保护性练习示范中选择一套，也可以用本节末尾的表格打造属于自己的保护性练习。

◢ 普拉纳流动练习（30~50分钟）

呼吸 :“放松呼吸术”和“感知自己的呼吸”练习（10~15分钟）。

动作（10~15分钟）:

吊桥式 : 连贯练习5遍。然后，保持“桥式”呼吸5次，“膝到胸式”呼吸5次。保持“膝到胸式”时，心中默默重复关于呼吸的真言（so hum）。

眼镜蛇崛起式 : 连贯练习10遍。然后，保持“眼镜蛇变体式”呼吸5次，“懒蛇式”呼吸5次。保持“懒蛇式”时，心中默默重复关于呼吸的真言（so hum）。

鞠躬感激式 : 连贯练习5遍。然后，保持“下犬式”呼吸5次，“婴儿式”呼吸5次。保持“婴儿式”时，心中默默重复关于呼吸的真言（so hum）。

放松："辅助后弯式"（2~5分钟），"辅助前屈式"（2~5分钟）。

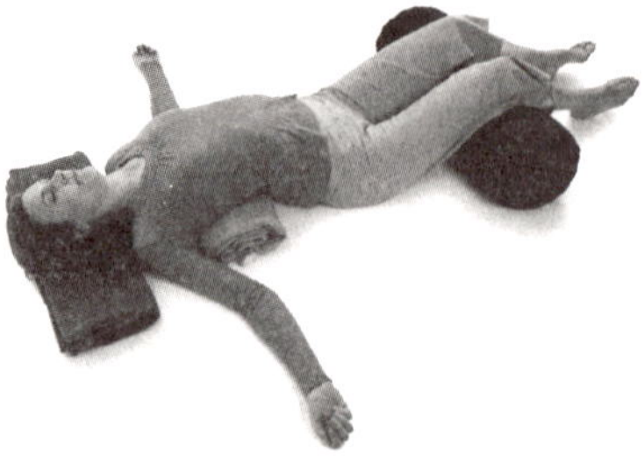

呼吸/冥想：保持放松的姿势时，练习"全身呼吸术"（5~10分钟）。

和平的练习（30~40分钟）

呼吸/冥想（5分钟）：保持舒服的坐姿或放松的姿势，做"感知自己的呼吸"的练习。练习每告一段落，心中默默重复关于和平的真言（om shanti om）。

动作（15~20分钟）：这套动作有静心宁神的效果。如果你在练完每个连贯动作后，能在休息的姿势停留一段时间，静心宁神的效果会更显著。

拜日呼吸式：连贯练习5遍。然后，保持"山式"呼吸5次。最后一次呼气时，在心里默念或大声重复om shanti om。

强身屈身式：连贯练习5遍。然后保持“前屈伸展式”呼吸5次。最后一次呼气时，在心里默念或大声重复om shanti om。

鞠躬感激式：连贯练习5遍。然后保持“婴儿式”呼吸5次。最后一次呼气时，在心里默念或大声重复om shanti om。

吊桥式：连贯练习5遍。然后保持“膝到胸式”呼吸5次。最后一次呼气时，在心里默念或大声重复om shanti om。

休息扭转式：每侧呼吸10次。最后一次呼气时，在心里默念或大声重复om shanti om。

放松：用“辅助倒立式”休息一下（5分钟）。

冥想：保持舒适的坐姿，进行“静坐冥想”（5~10分钟）。

勇气和“与他人相连”的练习（30~40分钟）

呼吸：先用“放松呼吸术”，包括“弯曲脊椎”、“扩胸”和“体侧伸展”，然后做“感知自己的呼吸”练习（5分钟）。

冥想：想象你关心的人或需要你支持和鼓励的人（1~2分钟）。

动作（单独保持每个姿势，不要连贯起来,15分钟）：

山式：保持这个姿势呼吸5次。

拜日式：保持这个姿势呼吸10次。

右侧：保持“和平战士式”呼吸5次；保持“勇士式”呼吸10次。

左侧：保持“和平战士式”呼吸5次；保持“勇士式”呼吸10次。

山式：保持这个姿势呼吸5次。

暮光式：保持这个姿势呼吸10次。

前屈伸展式：保持这个姿势呼吸5次。

懒蛇式：保持这个姿势呼吸5次。

眼镜蛇变体式：保持这个姿势呼吸10次。

婴儿式：保持这个姿势呼吸10次。

放松/冥想（10~15分钟）：

用“辅助束角式”进行关于勇气和“与他人相连”的修心冥想（5分钟）。

用“放松式”休息一下（5~10分钟）。

◢ 与身心为友（40~45分钟）

呼吸：先用“喜悦呼吸术”，然后进行“怜悯身心灵的冥想”（5~10分钟）。

运动/放松：全套养生瑜伽动作，每个姿势保持5分钟（共30分钟）：

辅助倒立式

筑巢式

辅助束角式

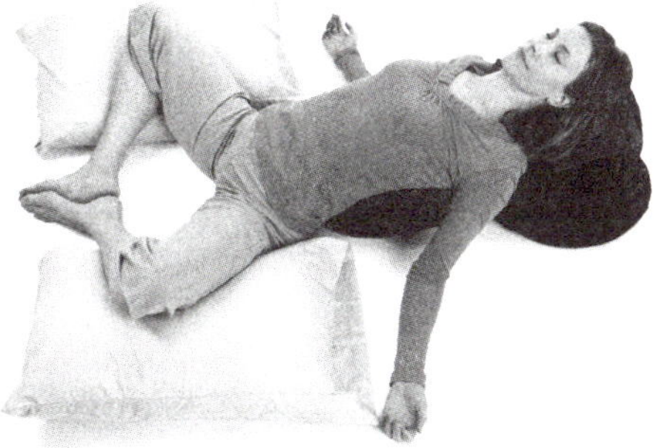

辅助后弯式

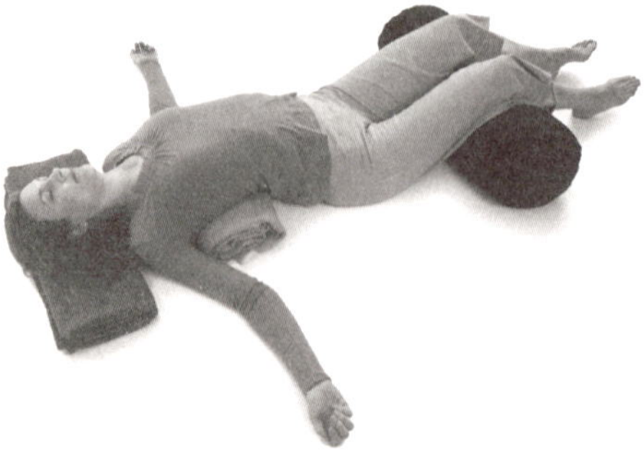

辅助前屈式

冥想：保持舒适的坐姿，进行静坐冥想，然后进行“倾听你的身体”练习，问问自己：“你还需要些什么？”（5分钟）

寻找平衡（50~60分钟）

呼吸：“平衡呼吸术”的第一部分（鼻孔交替呼吸法）（5分钟）。

冥想：保持舒适的坐姿，进行静坐冥想（5~10分钟）。

动作（第五章介绍的全套动作，30分钟）：

拜日呼吸式：连贯练习5遍，保持每个姿势呼吸5次。

瑜伽战士式：连贯练习5遍，保持每个姿势呼吸5次，两侧都要练习。

强身屈身式：

连贯练习5遍，

保持每个姿势呼吸5次。

鞠躬感激式：连贯练习5遍，保持每个姿势呼吸5次。

眼镜蛇变体式：连贯练习5遍，保持每个姿势呼吸5次。

吊桥式：连贯练习5遍，保持每个姿势呼吸5次。

美梦伴你式：保持每个姿势呼吸5次，两侧都要练习。

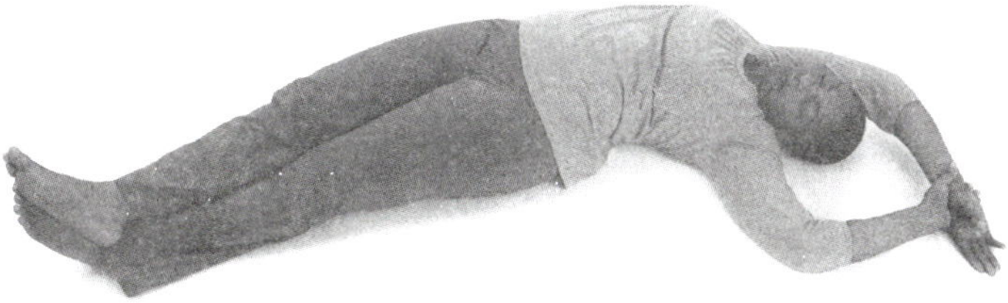

冥想/放松（10分钟）：

保持放松的姿势，进行修慧冥想的保护性练习。

保持放松的姿势，进行“平衡呼吸术”的第二部分（观想）。

你的保护性练习

请利用这一页，设计一套适合自己的保护性练习。你可以把这一页复印下来，好不断调整自己的练习方式，或打造一系列满足不同的需求、配合不同情绪的瑜伽练习。

主题/名称：这套练习的关注点是什么？

____

起始：呼吸/冥想练习

____

动作顺序：

____

结束：冥想/放松/呼吸练习

____

练习的注意事项：这种练习给了你什么感觉？在练习过程中，有没有什么重要的想法浮现出来？每次练习后，请花一点儿时间记录自己的观察和想法，为将来的练习做好准备。

____

____

____

____

康复性练习

你要知道，当自己感觉不堪重负、筋疲力尽、疼痛难忍时，可以去哪儿寻找帮助。这件事是非常重要的。康复性练习会关爱你、照顾你，帮你减缓压力、消除痛苦。这不是你认为自己“应该”练习的瑜伽术，而是疼痛袭来时身心“需要”的瑜伽术。

你可以根据需要调整康复性练习的时间。和比较花时间的保护性练习比起来，康复性练习不需要让呼吸、动作、放松、冥想保持平衡，你只需要为自己提供支撑。

当你设计康复性练习的时候，请记住，你很可能会遇上心态不佳的情况。康复性练习应该是很轻松、很吸引人的，即使当你感觉不堪重负、筋疲力尽、疼痛难忍的时候，你也会期待做练习。请选择一种呼吸、放松或冥想方式，为你的康复性练习拉开帷幕。这种练习可以帮你摆脱疼痛反应。如果你喜欢的话，你也可以先保持一个姿势不变。等你准备好了，再继续做接下来的练习。

康复性练习示范

你可以从下面的5套康复性练习示范中选择一套，也可以用本节末尾的提示打造属于自己的康复性练习。

获得支撑

保持每个姿势的时间长短，完全根据你的需要。

辅助倒立式，配合“感知自己的呼吸”的练习。

辅助前屈式

辅助束角式，配合“感激自己身体”的反思。

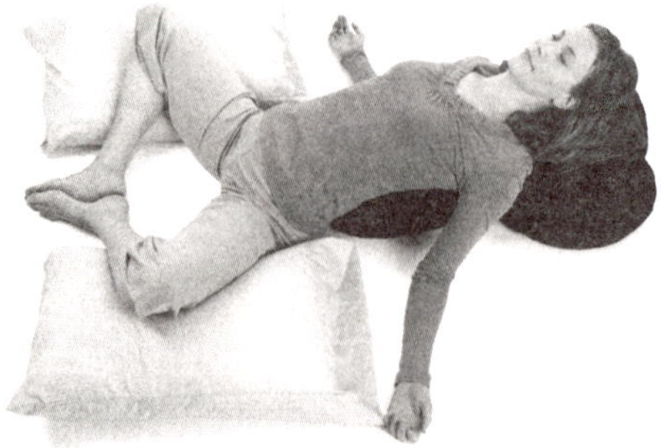

美梦伴你

放松式，配合“感知自己的呼吸”的练习（时间长短完全根据你的需要）。

“美梦伴你式”动作顺序：摇篮式（每侧呼吸10次），休息扭转式（每侧呼吸10次），半月式（每侧呼吸10次）。

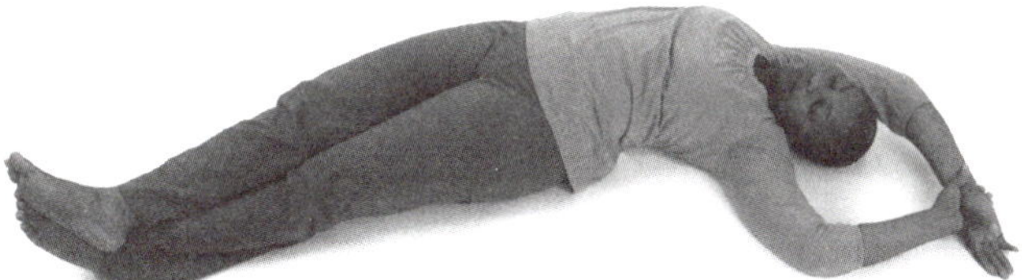

筑巢式（两侧都需要练习，时间长短完全根据你的需要）。

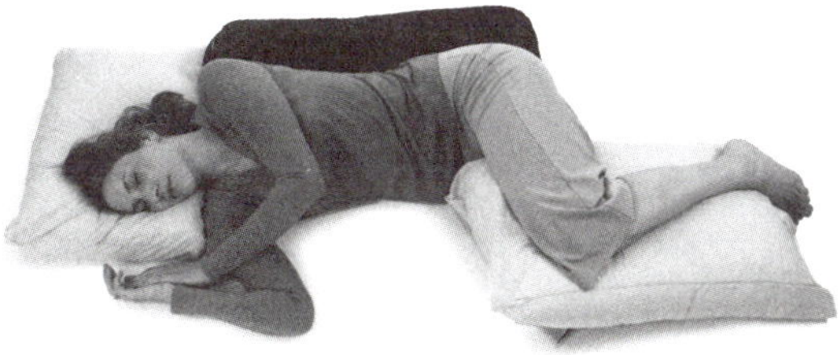

◢ 通过呼吸获得治愈

做“放松呼吸术”的伸展练习，配合“感知自己的呼吸”的练习（第30页）。

喜悦呼吸术（呼吸10次）。

放松式，配合“感激自己身体”的冥想和“全身呼吸术”。

用“放松式”休息一下（时间长短完全根据你的需要）。

摆脱痛苦

用“放松式”休息一下，配合“感知自己的呼吸”的练习（时间长短完全根据你的需要）。

保持“放松式”，配合“放松呼吸术”。你可以计算自己的呼吸，也可以心里做语音冥想——吸气时默念“唵”（Om），呼气默念“唵嘛呢叭咪吽”（Om mani padme hum）。

温和的动作：膝到胸式（保持这个姿势呼吸10次，然后用5次呼吸的时间休息一下），摇篮式（每侧呼吸10次，从一侧换到另一侧时用5次呼吸的时间休息一下）。保持坐姿，做体侧伸展（每侧呼吸10次），再练习“前屈伸展式”或“婴儿式”（保持这个姿势呼吸10次）。

辅助倒立式，配合冥想，在心里默念“愿我摆脱这种痛苦，愿我摆脱这种折磨”。

◢ 休息一下，再练习

用“放松式”休息一下，配合“感知自己的呼吸”的练习（时间长短完全根据你的需要）。

保持“放松式”，用修慧冥想的康复性技巧。

练习“倾听自己的身体”，问问自己“你需要什么？”“我还需要注意些什么？”

你的康复性练习

请利用这一页的空白处，设计一套适合自己的康复性练习。你可以把这一页复印下来，好不断调整自己的练习方式，或打造一系列满足不同的需求、配合不同情绪的瑜伽练习。

起始：在忍受疼痛、压力、疲劳的折磨时，你觉得哪种温和的瑜伽练习最有吸引力？

____

____

哪种呼吸、动作、放松或冥想练习让你觉得最舒服，最能激励和启发你？

____

____

注意事项：这种练习给了你什么感觉？在练习过程中，有没有什么重要的想法浮现出来？每次练习后，请花一点儿时间记录自己的观察和想法，为将来的练习做好准备。

____

____

____

____

拓展阅读

谈谈自控力以及瑜伽

——《中国大学生》杂志专访凯利·麦格尼格尔教授

1. When did you pay attention to the study of willpower? Why?

你是从什么时候开始关注意志力的研究的？为什么会关注？

I've always been interested in what I think of as internal struggles. We want two very different things that have very different consequences. Or we feel strong emotions, but know we shouldn't act on them. I started to study willpower because it was an opportunity to think about how humans manage inner conflicts. What strength do we draw on to be the better version of ourselves? How do we support ourselves when we are overwhelmed or tempted?

我一直对所谓的"内心挣扎"很感兴趣。我们总是想得到相互矛盾的两种东西。或者说，我们有很强烈的欲望，但不知该如何行动。我开始研究意志力，是因为它能让我了解到：人类如何应对自己内心的矛盾？我们该汲取哪些力量，让自己变得更强大？当我们遭受打击和面对诱惑时，应该怎样调整自己？

2. What kind of student were you when you in college?
你在大学期间是个怎样的学生?

I was a full scholarship student who had to maintain very high grades in order to keep my scholarship. So I was under a lot of pressure - If I earned anything less than an A average in any semester, I would have lost my scholarship. I used exercise, yoga, and meditation to deal with the stress! But the anxiety to do well and not disappoint anyone was always there. The smartest thing I did was pursue two very different fields that I loved - journalism and psychology - instead of listening to advisors who told me to focus on one thing. As a student, I was able to get involved in neuropsychological research and work in both television and online journalism. My coursework was important, but the work I did outside the classroom really shaped my future.

我上学时是拿全额奖学金的。为了确保获得奖学金，我要始终保持优异的成绩。所以，我承受了很大的压力——如果我在任何一个学期平均成绩低于A，我就将失去奖学金。当时我的解压方式是锻炼、瑜伽和冥想！但我还是想把一切事情做好，不想让任何人失望。我做过的最明智的事，就是始终坚持学习我挚爱的两个专业——新闻学和心理学，而没有听从导师的意见，坚持学习其中一个专业。在学生时期，我已经参与了神经心理学研究工作，并在电视上和网络记者中崭露头角。我认为主修专业很重要，而课余工作则为我的未来奠定了基础。

3. After entering graduate school with scholarship, what goals did you set for yourself? Could you tell us specifically what's the most difficult thing you had to come through? And what's the most impressive thing for you at graduate school? Which things influenced your recent research?

在获得奖学金进入研究生院后，您给自己设定了哪些目标？可否透露这其中最困难的事是什么？在就读研究生期间，您印象最深刻的事是什么？哪些事对您现在从事的研究有所影响？

The hardest initial part of graduate school was moving across the country and being so far away from friends and family. It took a long time to feel like I was part of the community, and I felt very lonely for the first six months. Academically, the hardest thing about graduate school was transitioning from being a student to being a scientist. I no longer "learned" information and knowledge; I had to produce it. Graduate school in psychology research is really about learning how to think like a scientist. This is the thing I'm also most grateful for. It changed everything about how I think about politics, health, other people, even my own happiness.

刚上研究生的时候，最艰难的事便是远离家乡，远离亲人和朋友。我花了很长时间去适应，才能找到归属感。在前6个月里，我感到非常孤单。从学术上说，最艰难的事是从学生到科学家的转变。我不再是“汲取”信息和知识，而是去发现和创造信息。心理学研究院会教你怎样像科学家一样思考。这也是我觉得比较庆幸的事。它完全改变了我对政治、健康、他人，甚至是自身幸福的想法。

Like many psychologists, I was drawn to researching things that were personally meaningful. I studied different ways to handle difficult emotions, like anger and stress, and how these emotions influence the body and physical health. I wanted to know this for my own sake! Not too surprisingly, my dissertation focused on how college students handle the transition away from friends and family, and build new social support networks. I wish I had been able to read that research when I was going through it.

像其他心理学研究员一样，我对自身意义的研究很感兴趣。我研究了许多种控制情绪的方法，如怎样控制愤怒和应对压力，并了解了它们是怎样影响身心健康的。我也是出于自身考虑，才开始研究这些的！因此，我专注于研究大学生如何应对远离家人朋友这件事，并建立新的社交网络。我希望有朝一日能读到自己撰写的研究报告。

4. When did you start the course on willpower? Was it the same as you imagined before? In your teaching career, did peopele's attitude towards willpower ever change? How? What's the difference between normal young people and college students when studying new things? What did you learn through teaching? What's the most impressive thing when you interact with students?

你是在什么时候开设意志力课程的？和你以前想象的一样吗？在你多年的教学过程中，人们对意志力的态度有哪些变化？怎样改变的呢？学习新事物时，普通年轻人与大学生有哪些不一样的表现？教学过程中，你个人有哪些收获？在跟学生们的互动中，有哪些让你印象深刻的事情？

I first taught The Science of Willpower because I wanted to share all the emerging research on self-control, motivation, temptation, and emotional balance. I thought it would be just a fun, one-time course, but it was amazingly popular from the beginning. We had to change classrooms multiple times to make room for all the new enrollees. I also realized pretty soon that it wasn't just a fun course. People were really suffering. I expected people to show up struggling with procrastination or wanting to lose weight. But there were also people struggling with addiction, depression, anxiety, bankruptcy, job loss, divorce, and fear of failure. I realized I needed to bring in research that helps with the big problems, not just the little challenges like resisting the temptation to eat sweets.

我最初开设《意志力科学》这门课，是因为我想和大家分享一些关于自控、动力、诱惑和情绪平衡的新兴研究成果。我本来觉得这只是一门有趣的课，没想到它一开始就受到了热烈欢迎。由于新学员剧增，我们不得不多次更换更大的教室。很快我便发现，这不仅仅是一门有趣的课。人们各有各的痛苦。我希望大家都能与拖延症和肥胖症做斗争。也有一些人需要对抗的是毒瘾、抑郁、焦虑、破产、失业、离婚和对失败的恐惧。我意识到，应该帮助人们解决更大的难题，而不仅仅是帮助人们抵御甜食诱惑这样的小事。

I work with students of all ages, from teenagers to older adults. In my experience, young adults struggle the most with self-doubt and self-criticism. They are most likely to think that one setback or failure will define them, and ruin their future success. When I teach undergraduate students, I spend even more time on the importance of self-compassion and taking a broader view of what the future can hold.

在我的学生里，从青少年到成年人都有。在授课过程中，我发现，年轻人最多的问题是缺乏自信和自我批评。他们会用一次挫折或失败来定义自己，否认自己能取得成功。在给大学生授课时，我需要花更长的时间来强调“自我同情”的重要性，教他们用更开阔的眼光看待未来。

5. What inspired you to publish this book?

是什么样的契机让你决定出版《自控力》?

I wanted to publish the book because my students told me how helpful it was to know they weren't alone in their willpower challenges. Of course the book is designed to help people increase their personal willpower. But the biggest benefit for a lot of people had turned out to be a sense of common humanity. They don't feel like there is something wrong with them.

我之所以决定出书，是因为学生们的鼓励。他们告诉我，知道自己在意志力挑战方面并不是孤军奋战，对他们很有帮助。当然，我写这本书的初衷是为了帮助人们增强意志力。但对大多数人来说，最大的收获是了解了人性。人们不再觉得，只有自己在意志力方面有问题。

I've been surprised by how similar people's experiences are. The specifics may vary, but I hear from people all over the world who find it difficult to deal with their emotions, stay motivated in the face of obstacles, and not give in to their desires when tempted. I think what it comes back to is that all humans have these two sides. Part of us is focused on immediate gratification and survival, and part of us takes the long view. Everyone's job is to find a way to live with both sides, yet shift the balance toward our higher self when we need it.

我感到惊讶的是，大家的经历竟如此相似。具体细节可能有所不同，但我听到全世界的人都在说，他们觉得控制情绪、积极面对困难和抵御诱惑是很困难的。我觉得，人终归还是有两个不同方面的，一方面注重眼前利益和生存需要，另一方面注重长远利益。我们每个人的任务便是找到和这两方面和平共处的方法，必要时找到与更高层次的自我之间的平衡。

---

6. Could you share us some story about improving your own willpower? Such as defeated by desire or challenge yourself.

可以与读者分享一些您在提升自控力方面的故事吗？比如被欲望打败或战胜自我的故事。

My biggest willpower challenge has been to not let fear keep me from something I deep down really want to do. For a long time, I was afraid to fly. In graduate school, I was terrified to speak up in scientific meetings. Even when I teach, I still get nervous before class. For all of these things, I practice the kinds of strategies I write about in the book. The best strategy for me has been accepting that I can feel anxious and still take action. I don't have to get rid of the feelings, or stop my heart from racing. I can control what I do, even if I can't control how I feel.

我自己最大的意志力挑战，就是不让恐惧阻碍我去做真正想做的事。有很长一段时间，我很害怕坐飞机。在研究生时期，我害怕在研讨会上发言。甚至在执教的时候，我面对学生也会感到紧张。为了攻克这些难关，我实践了书中提到的一些方法。最适合我的方法是，即使感觉焦虑，也要坚持做下去。我没有必要忘掉焦虑，也没有必要控制心跳加速。我虽然不能控制自己的感觉，但能控制自己做的事。

7. You mentioned plenty of misconception about willpower in your book, such as self-criticism is associated with less motivation and worse self-control. So, in your opinion, which misconception is most important and we should watch out for?

你在书中提到很多自控力的误区，比如自我批评会降低积极性和自控力，在您看来，最值得警惕和重视的误区是哪一个？

I think the biggest misconception about willpower is that we use it to do things we don't really want to do. We convince ourselves that just because something is hard, we don't want to do it. Or we narrowly define "want" as the desire for immediate gratification, like eating another cookie or buying a new pair of sneakers. In reality, the only reason to use willpower is to help you get what you want. It might be maintaining an important relationship, and not hurting another person's feelings. It might be improving your health, and having a long life. It might be reaching the top of your career, so that you can serve your community in the way that matters to you. All of these things can be hard, but they are also what makes life truly worth living. When you redefine willpower this way, it's easier to find your strength and remember your motivation.

我认为，自控力最大的误区就是，人们用它去做自己不想做的事。我们说服自己，因为某些事很难做到，所以我们不想做。抑或是，我们狭隘地把“想要”定义为满足眼前利益，比如再吃一块曲奇饼，或再买一双新鞋。实际上，我们运用意志力的唯一理由应该是，它能帮助我们得到自己想要的东西。这可以是维持一段重要的关系，而不伤害另一个人的感情；可以是改善身体状况，使自己更加长寿；也可以是达到事业的顶峰，以便你为社会做出贡献。所有这些事都很难的，但它们会让你的生活更有意义。当你用这种方式重新定义意志力的时候，你就能轻而易举地找到能量和动力了。

特别感谢 ：《中国大学生》杂志　张蕾磊

致谢

谨将我的感激献给以下各位。

感谢新先声（New Harbinger）出版社的整个团队，包括杰斯·奥布赖恩（Jess O'Brien）和杰斯·毕比（Jess Beebe）。因为他们不但联系了我，也深信瑜伽的治愈力，还在本书编辑过程中不断为我提供指导。

感谢摄影师金·雪特尔（Kim Shetter），因为他用黑白图像捕捉到了瑜伽的灵魂。感谢模特梅塞德丝·德莱尼（Mercedes Delaney）、布赖恩·基德（Brian Kidd）、约翰·罗林斯（John Rawlings）、朱尔斯·斯凯尔顿（Jules Skelton）和奥莫伯拉·乌苏（Omobola Wusu）。他们不仅很上相，还是瑜伽修行者们的榜样。

感谢一直以来支持我的团体，包括斯坦福大学心理学系、健康改善项目、健美操与瑜伽课程和瑜伽治疗师国际协会。

感谢阿瓦隆瑜伽与艺术中心、加利福尼亚帕洛阿尔托的禅宗中心这两个充满活力、开朗外向的社区。

感谢我的家人，包括布莱恩·基德、B.B.、简·麦格尼格尔（Jane McGonigal）、朱迪思·麦格尼格尔（Judith McGonigal）、凯文·麦格尼格尔（Kevin McGonigal）、伊夫林·韦格尔（Evelyn Wagle）和赫布·韦格尔（Herb Wagle）。

感谢我所有的学生。他们教给我的东西，远远超过了我希望教给他们的东西。

感谢我的老师和我老师的老师，以及所有希望帮助他人摆脱痛苦的瑜伽教练。